院士解锁中国科技

化工卷

金 涌 主笔

"七十二变"的
化工王国

中国编辑学会　中国科普作家协会　主编

中国少年儿童新闻出版总社
中国少年儿童出版社

北　京

图书在版编目（CIP）数据

"七十二变"的化工王国 / 金涌主笔. — 北京：
中国少年儿童出版社，2023.1
（院士解锁中国科技）
ISBN 978-7-5148-7842-4

Ⅰ．①七… Ⅱ．①金… Ⅲ．①化学工程－中国－少儿
读物 Ⅳ．①TQ02-49

中国版本图书馆CIP数据核字(2022)第243448号

QISHI'ER BIAN DE HUAGONG WANGGUO
（院士解锁中国科技）

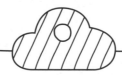

出版发行：中国少年儿童新闻出版总社
中国少年儿童出版社

出 版 人：孙 柱
执行出版人：张晓楠

责任编辑：李心泊　叶 丹　顾海宏	封面设计：许文会
美术编辑：施元春	版式设计：施元春
责任校对：夏明媛	形象设计：冯衍妍
插　　图：郭驿青　崔占成　木星插画　夏果皮	责任印务：李 洋

社　　址：北京市朝阳区建国门外大街丙12号	邮政编码：100022
编 辑 部：010-57526186	总 编 室：010-57526070
客 服 部：010-57526258	官方网址：www.ccppg.cn

印刷：北京利丰雅高长城印刷有限公司

开本：720mm×1000mm 1/16	印张：9.25
版次：2023年1月第1版	印次：2023年1月北京第1次印刷
字数：200千字	印数：1-5000册

ISBN 978-7-5148-7842-4　　　　　　　　　　定价：67.00元

图书出版质量投诉电话：010-57526069，电子邮箱：cbzlts@ccppg.com.cn

"院士解锁中国科技"丛书编委会

本书创作团队

主 笔
金 涌

创作团队
（按姓氏笔画排列）

王保国　杨　睿　余立新　陈　卓

张晨曦　张立平　郑妍妍　赵雪冰

袁志宏　徐建鸿　高光华　崔超婕

蒋国强　蓝晓程

"院士解锁中国科技"丛书编辑团队

项目组组长
缪　惟　郑立新

专项组组长
胡纯琦　顾海宏

文稿审读
何强伟　陈　博　李　檀　李晓平　王仁芳　王志宏

美术监理
许文会　高　煜　徐经纬　施元春

丛书编辑
（按姓氏笔画排列）

于歆洋　万　颐　马　欣　王　燕　王仁芳　王志宏　王富宾　尹　丽　叶　丹
包萧红　冯衍妍　朱　曦　朱国兴　朱莉荟　任　伟　邬彩文　刘　浩　许文会
孙　彦　孙美玲　李　伟　李　华　李　萌　李　源　李　檀　李心泊　李晓平
李海艳　李慧远　杨　靓　余　晋　张　颖　张颖芳　陈亚南　金银銮　柯　超
祝　薇　施元春　秦　静　顾海宏　徐经纬　徐懿如　殷　亮　高　煜　曹　靓

前　言

　　"院士解锁中国科技"丛书是一套由院士牵头创作的少儿科普图书，每卷均由一位或几位中国科学院、中国工程院的院士主笔，每位都是各自领域的佼佼者、领军人物。这么多院士济济一堂，亲力亲为，为少年儿童科普作品担纲写作，确为中国科普界、出版界罕见的盛举！

　　参与这套丛书领衔主笔的诸位院士表达了让人不能不感动的一个心愿：要通过撰写这套科普图书，把它作为科技强国的种子，播撒到广大少年儿童的心田，希望他们成长为伟大祖国相关科学领域的、继往开来的、一代又一代的科学家与工程技术专家。

　　主持编写这套丛书的中国少年儿童新闻出版总社是很有眼光、很有魄力的。在这些年我国少儿科普主题图书出版已经很有成绩、很有积累的基础上，他们策划设计了这套集约化、规模化地介绍推广我国顶级高端、原创性、引领性科技成果的大型科普丛书，践行了习近平总书记关于"科技创新、科学普及是实现创新发展的两翼，要把科学普及放在与科技创新同等重要的位置"的重要思想，贯彻了党的二十大关于"教育强国、科技强国、人才强国"的战略要求，将全民阅读与科学普及相结合，用心良苦，投入显著，其作用和价值都让人充满信心。

　　这套丛书不仅内容高端、前瞻，而且在图文编排上注意了从问题入手和兴趣导向，以生动的语言讲述了相关领域的科普知识，充分照顾到了少年儿童的阅读心理特征，向少年儿童呈现我国科技事业的辉煌和亮点，弘扬科学家精神，阐释科技对于国家未来发展的贡献和意义，有力地服务于少年儿童的科学启蒙，激励他们逐梦科技、从我做起的雄心壮志。

院士团队与编辑团队高质量合作也是这套高新科技内容少儿科普图书的亮点之一。中国少年儿童新闻出版总社集全社之力，组织了 6 个出版中心的 50 多位文、美编辑参与了这套丛书的编辑工作。编辑团队对文稿设计的匠心独运，对内容编排的逻辑追溯，对文稿加工的科学规范，对图文融合的艺术灵感，都能每每让人拍案叫绝，产生一种"意料之外、情理之中"的获得感。

丛书在编写创作的过程中，专门向一些中小学校的同学收集了调查问卷，得到了很多热心人士的大力帮助，在此，也向他们表示衷心的感谢！

相信并祝福这套大型系列科普图书，成为我国少儿主题出版图书进入新时代中的一个重要的标本，成为院士亲力亲为培养小小科学家、小小工程师的一套呕心沥血的示范作品，成为服务我国广大少年儿童放飞科学梦想、创造民族辉煌的一部传世精品。

郝振省

中国编辑学会会长

前　言

　　科技关乎国运，科普关乎未来。

　　一个国家只有拥有强大的自主创新能力，才能在激烈的国际竞争中把握先机、赢得主动。当今中国比过去任何时候都需要强大的科技创新力量，这离不开科学家创新精神的支撑。加强科普作品创作，持续提升科普作品原创能力，聚焦"四个面向"创作优秀科普作品，是每个科技工作者的责任。

　　科普读物涵盖科学知识、科学方法、科学精神三个方面。"院士解锁中国科技"丛书是一套由众多院士团队专为少年儿童打造的科普读物，站位更高，以为中国科学事业培养未来的"接班人"为出发点，不仅让孩子们了解中国科技发展的重要成果，对科学产生直观的印象，感知"科技兴则民族兴，科技强则国家强"，而且帮助孩子们从中汲取营养，激发创造力与想象力，唤起科学梦想，掌握科学原理，建构科学逻辑，从小立志，赋能成长。

　　这套丛书的创作宗旨紧跟国家科技创新的步伐，遵循"知识性、故事性、趣味性、前沿性"，依托权威专业的院士团队，尊重科学精神，内容细化精确，聚焦中国科学家精神和中国重大科技成就。创作这套丛书的院士团队专业、阵容强大。在创作中，院士团队遵循儿童本位原则，既确保了科学知识内容准确，又充分考虑了少年儿童的理解能力、认知水平和审美需求，深度挖掘科普资源，做到通俗易懂。丛书通过一个个生动的故事，充分体现出中国科学家追求真理、解放思想、勤于思辨的求实精神，是中国科学家将爱国精神与科学精神融为一体的生动写照。

为确保丛书适合少年儿童阅读，院士团队与编辑团队通力合作。在创作过程中，每篇文章都以问题形式导入，用孩子们能够理解的语言进行表达，让晦涩的知识点深入浅出，生动凸显系列重大科技成果背后的中国科学家故事与科学家精神。同时，这套丛书图文并茂，美术作品与文本相辅相成，充分发挥美术作品对科普知识的诠释作用，突出体现美术设计的科学性、童趣性、艺术性。

面对百年未有之大变局，我们要交出一份无愧于新时代的答卷。科学家可以通过科普图书与少年儿童进行交流，实现大手拉小手，培养少年儿童学科学、爱科学的兴趣，弘扬自立自强、不断探索的科学精神，传承攻坚克难的责任担当。少儿科普图书的创作应该潜心打造少年儿童爱看易懂的科普内容，着力少年儿童的科学启蒙，推动青少年科学素养全面提升，成就国家未来创新科技发展的高峰。

衷心期待这套丛书能够获得广大少年儿童朋友们的喜爱。

中国科学院院士
中国科普作家协会理事长

写在前面的话

化工无处不在，也几乎无所不能！

当你穿上温暖的衣裳时，可曾想过它们是怎么制造出来的？你可知道，每 10 件衣服中，至少有 7 件是由含有化学纤维的面料制造的。中国每年生产的化学纤维可为世界上每个人制作 4 件衣服。

当你享用餐桌上的美味佳肴时，可曾想过田间的农作物"吃"什么才能丰收？你可知道，是农用化学品，如化肥、薄膜、农药等，使我们获得了更充足的粮食。从新中国成立之初到 2022 年，粮食年产量从 1 亿多吨，增产到近 7 亿吨。

当你住在舒适的房子里时，可曾想过盖一座房子需要多少材料？你可知道，是石油与化工、冶金、建材、轻工等泛化学工业提供了大量的水泥、钢筋、涂料等各式建筑和装修材料。

当你坐着爸爸妈妈的车去郊外玩耍时，可曾想过汽车是由哪些千奇百怪的零件组成的？你可知道，中国已经是第一大汽车产销国，汽车生产和使用所需的汽油、柴油、电池、钢材、塑料、橡胶等都来自于泛化学工业。

不仅如此，化学和化学工程还为建设强大的国防工业，为眼花缭乱的高科技产品，提供了各种先进材料，也在维护人类生命健康、应对全球气候变化等重大挑战方面发挥着重要作用。

这就是"七十二变"的化工王国。

化工不仅有用，更有趣！

衣服不仅不会脏，还能自清洁，甚至能自动调节温度。

汽车不需要用柴油和汽油，"喝点酒"就能跑。

电用不完时，可以像钱一样存"银行"。

……

你相信吗？这些不可思议的奇迹都来自化工。

神奇化工王国的大门即将为你打开。

在这里，你不仅可以触摸到物质、能量，乃至生命变化的本质，还可以领略坚韧的碳纳米管、强大的超级电容等高精尖材料与技术的进化。

你可以穿越时光，和侯德榜、闵恩泽等先驱者们一起攻克科研难题，追溯改变中国化工历史的伟大思想和灵魂。

你还可以跳出固有思维的桎梏，和一流化工科学家们关注前瞻性的难题与危机，造福人类文明的命运与未来。

100年、500年、1000年以后，现在地球上常用的矿产资源、化石能源可能所剩无几，只有依靠化学和化工过程对可再生资源和清洁能源进行转化利用，才能使社会经济循环和永续发展。

所以，强大而先进的化学与化学工程也是人类未来的依托。

人类的未来，也将依靠正在阅读本书的你们，亲手绘就！

中国工程院院士
清华大学化学工程系教授

逗逗变变变！

快跟着逗泡，
一起去化工王国
看看吧！

错杂的管道，高耸的烟囱，巨大的厂房，刺激的气味……

提及化工厂时，这些景象总会浮现在人们的脑海中。

那你是否想过可以建一座安全又环保的迷你化工厂呢？比如能装进口袋里的迷你化工厂，是不是超级酷？

其实，科学家们已经在努力打造一个"袖珍王国"——微化工。

什么是微化工呢？

这个问题可以分为"微"和"化工"两个方面。

微，就是极细、极小。

化工，也叫化学工程，就是把化学家在实验室的烧杯试管里合成新物质的各种奇妙反应"搬个家"，在工厂的机器和设备中实现。

让我来给你们搬个家！

从橡皮、铅笔，到橡胶、汽油；从口罩、防护衣，到航天用的材料，等等，甚至人们畅想能登上月球的"天梯"，都是化工产品。可以说，不论衣、食、住、行，还是高科技产品，都有化学工程的影子。真可谓"处处皆化工"。

与化工厂里庞大的设备相比，微化工设备小得惊人。原本粗到几个人手拉手才能抱住的管道，来到微化工的"袖珍王国"，会变得像一根头发丝那么细，是不是很神奇？

人家可弱不禁风呢！

小贴士

1959 年，科学家曾预测微型化是科学技术发展的必然趋势。就像电子计算机从最初的两个房间大小"浓缩"到现在的书本大小，化工行业的发展也是如此。

科学家们用这些"袖珍"的微化工器件组装成了"桌面上的化工厂",这座"桌面工厂"个头虽小,可比拥有"大块头"的传统化工厂厉害多啦!

想必你在电视上看到过那些庞大的化工厂,几十米高的反应塔让人们对它"敬而远之",因为这些大家伙"脾气"坏起来,就会惹出不少祸事,比如:爆炸。

你知道化工厂为什么会爆炸吗?

因为很多化工厂使用的原料或者产生的物质极不稳定,在反应过程中会放出大量的热量,这些热量就像"定时炸弹"一样,如果没有快速地疏散出去,"炸弹"积得多了,可不就离爆炸不远了吗?

微化工则不同,和设备一起缩小的还有它的"脾气"。

微化工所使用的微反应器疏散"热量炸弹"的能力很强,可以避免"热量炸弹"积聚过多而导致爆炸事故。

微化工的好处可远远不止于此！

微化工过程都发生在细小的管道内。来到如此小的"袖珍王国"，原料们挨得更近了，它们更容易互相撞击，也就能更快、更轻松地完成化学反应，合成新物质。这就意味着，在大型化工厂里面需要进行几小时的反应，来到了"桌面工厂"可能仅仅需要几分钟甚至几秒钟。

想象一下，原本几小时的作业，在"袖珍王国"里只要一眨眼的工夫就能做完，这就是"桌面工厂"的厉害啦！

你可能会问，这种"桌面工厂"现在都用在哪里了呀？好想亲眼看一看！

我可以骄傲地告诉你，中国的微化工技术应用在世界上是数一数二的。当国外重要研究机构、高校和化工公司还在开发微化工设备时，中国的科学家们已经抢先一步，将微化工技术"放大"，应用在实际生产过程中，造福更多人了。

清华大学化学工程联合国家重点实验室骆广生教授团队就是想要征服这座高峰的"登山队"。

万事开头难。微化工技术也是如此。

在如此微小的空间内，所能生产的产品数量十分有限。要大量生产，需要加工几十万到几百万个通道，其数量相当于一个大城市的总人口数，难度可想而知。

小身板，大能量！

骆广生教授比谁都清楚从实验室到工厂的"最后一公里"有多艰难,但心中一个强烈的念头让他无比坚定:"科学无国界,但是工程技术是有国界的。为祖国取得更多具有自主知识产权的创新成果,有效解决国家化工产业的产品质量问题、环境问题,我们责无旁贷。"

以往,制造高品质磷酸采用的是传统"大化工"工艺,过程中不仅会消耗大量的能源,还会污染环境。

有没有办法从源头解决这些关键问题?

骆广生教授在清洁、高效的微化工领域看到了曙光,对传统工艺而言,微化工技术带来的改变无疑是颠覆性的。他常常畅想:让化工工作者拥有一个安全、清洁的环境,让老百姓更多地看到蓝天白云,让化工产业的传统面貌得到彻底改变——这就是我心中的"美丽化工"。

怀着这份憧憬,他率领团队开始了第一次大规模工业试验。

谁知,设备下厂还不到一周,就出现了所有人都始料未及的一幕——设备被大量的杂质堵塞,无法正常运作。

这可是实验室里从未出现过的状况,怎么办?

就在大家手足无措的时候,骆广生教授却异常冷静。他一一排查造成设备堵塞的各种"线索":为什么会产生沉淀物?数量有多少?分布在哪里?在寻找答案的过程中,他发现微反应设备还需要再"升级"。他创新技术、调整结构，为这套设备量身定制了一套新型的"除垢器"。

就这样，他和团队为微反应设备进行了一系列"手术"，改造后的成果令所有人喜出望外：它清洁耐用（不仅一点没堵，还彻底解决了进口设备每年都要花费两个月维护的重大缺陷）；它小巧玲珑（体积缩小到了进口设备的两千分之一）；它身手敏捷（开停车时间从原来的 5～7 天缩短为 3～4 分钟）。

不要看我体格小，我身手可非常敏捷呢！

几十年间，骆广生教授带领团队反复实验，大胆创新，设计出许多种新颖的微结构原件，攻克了不少世界性难题。

未来，微化工技术会有更加广阔的应用前景，或许在你的家乡就会有一个"桌面工厂"。

微化工"袖珍王国"的奇妙之旅还在继续，一代代科学家不断探索和突破的精神还在传递。

你是否也想像骆广生教授那样坚持为祖国取得更多创新成果而努力？

说不定哪一天，人人都能把化工厂装进口袋里呢！

读这个故事之前，让我们先做一个深呼吸：吸气——呼气，嗯，故事的主角就在我们呼出的气体中，它的名字叫二氧化碳（CO_2）。

可别小看了这个看不到、摸不着的家伙，它虽然只占空气的万分之四，却让气候学家非常头疼，因为它让气候变暖，引发了很多生态问题。

空气中的二氧化碳，会阻挡地面把吸收的热量反射回太空，使地球的气温升高。这种作用就像是温室顶上的玻璃，因此人们给二氧化碳起了个形象的名字——温室气体。

要知道，人类生产生活不断排放二氧化碳，我们呼吸吐出二氧化碳，燃煤电厂的烟囱里冒出二氧化碳，汽车行驶排出二氧化碳……这些二氧化碳都飘在空气中。

过去的100多年，二氧化碳的含量增加了70%，使地球温度上升了1°C。可别小看这1°C，它使海平面上升，降雨量增加，海水酸化……

如果大气中的二氧化碳继续增加下去，在不久的将来，人类将面临沿海都市沉落、物种灭绝、自然生态系统剧变的严峻挑战。

当气候学家抱怨二氧化碳的时候，你却可能喜欢上这种气体。因为，这些家伙能制造出美味的面包。

制作面包的面粉，主要成分是淀粉，它正是小麦将空气中的二氧化碳"抓"进绿叶，加上水制造出来的。这个神奇的过程就是"光合作用"。

你看，进到植物的叶子里，二氧化碳就成了填饱人类肚子的大功臣。

那我们让二氧化碳都跑进植物的叶子里去制造淀粉，不就既可以制造更多美味面包，又解决气候学家的烦恼，"一箭双雕"了吗？

这真是个不错的主意！可是植物捕捉二氧化碳的过程太慢了。

你知道吗？用一间教室大的土地种植小麦，花费 200 天的时间，得到的面粉才能做 200 个面包，同时还要消耗大量水、化肥等资源。

唉，真可惜，难道我们只能一边等着麦苗慢慢成熟，一边看着空气中二氧化碳越来越多吗？

别着急！虽然植物做不到，但科学家做得到。

2021年9月24日，中国科学院天津工业生物技术研究所马延和研究团队在全世界范围内首次实现了用二氧化碳人工合成淀粉。

中国科学家在二氧化碳人工合成淀粉领域，实现了从0到1的突破。

这可不是一件容易的事！要知道，在植物体内，想把看不见、摸不着的二氧化碳变成能填饱肚子的淀粉，要经过60多步，整个"变身"是经过植物数亿年的自然选择进化而成的。

那么，马延和研究团队是怎么还原出这个比恐龙还古老的过程的呢？

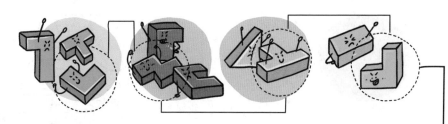

他们先用"搭积木"的办法，把整个合成过程分成4个相连的模块，每个模块的原料和产物都是确定的，但实现的途径多种多样。

怎么把"积木"搭得更快更好呢？

科学家们的秘诀是5个"最"。

他们用计算机在数据库中搜寻每个模块的反应组合，按照能量损失最小、步骤最少以及碳损失最少的原则，筛选最短、最快的人工合成途径。

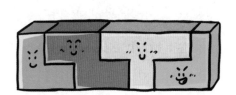

最终，研究团队找到了一个只需9步就能把二氧化碳变成淀粉的办法。

接下来，他们要在实验室中搭建这个"积木"了。

好想飞过去看看呀！

中国科学院天津工业生物技术研究所实验室（高通量筛选平台）

研究人员发现，设计的9个步骤每个都可以独立完成，但组合在一起，就会出现问题——有些步骤很快，有些步骤又很慢，一些中间产物因此越积越多，影响整个过程。

研究团队不断地测试、组装与调整各个模块，并采用蛋白质工程手段，对其中几个"慢性子"的步骤进行改造。

终于，每个步骤都能"齐头并进"，能量的分布也更合理了。

就这样，科学家们只用11步，就让二氧化碳真的变成了淀粉。

在不久的将来，二氧化碳通过合成工厂的管道，飘进一个个容器中，经过一系列神奇的变化，白花花的面粉就可以轻松生产出来了。

目前，一个床头柜大小的反应容器，一年就可以生产相当于50多间教室能种出的玉米中含有的淀粉。随着技术的不断进步，这个生产效率将不断提高。

如果二氧化碳会说话，它一定很高兴，因为可以更多、更快地变成美味的面包。而且，这还将开启人类脱离自然食物链的"自由之旅"。

想象一下，未来在茫茫宇宙中进行星际旅行时，人们用"吹出的一口气"就能制造美味食物，是不是很神奇？

在科学家和工程师手里，二氧化碳能制造的东西可不光是面包。

用二氧化碳制造淀粉的第一步是合成甲醇。从甲醇开始，二氧化碳还能进一步转化成更重要的基础化学品，生产各种各样的塑料产品。

比如，科学家和工程师已经用二氧化碳制造出了一种可生物降解塑料，用它做出的农膜、塑料袋和一次性餐具，既方便又环保。

我们是二氧化碳大家族！

现在，你已经了解了，二氧化碳并不是一个坏孩子。

你还想用二氧化碳变出什么？只有想不到，没有做不到，在敢想敢做的中国科学家和工程师手里，二氧化碳正在发挥越来越多、越来越重要的作用。

欢迎你加入这支充满想象力和创造力的队伍，帮助人类创造一个更加美好的世界！

我还能变成什么呢？

小贴士

2020 年 10 月，位于甘肃省兰州新区的千吨级二氧化碳合成甲醇示范工程顺利通过考核，标志着利用二氧化碳合成甲醇的技术，进入工业化实施阶段。

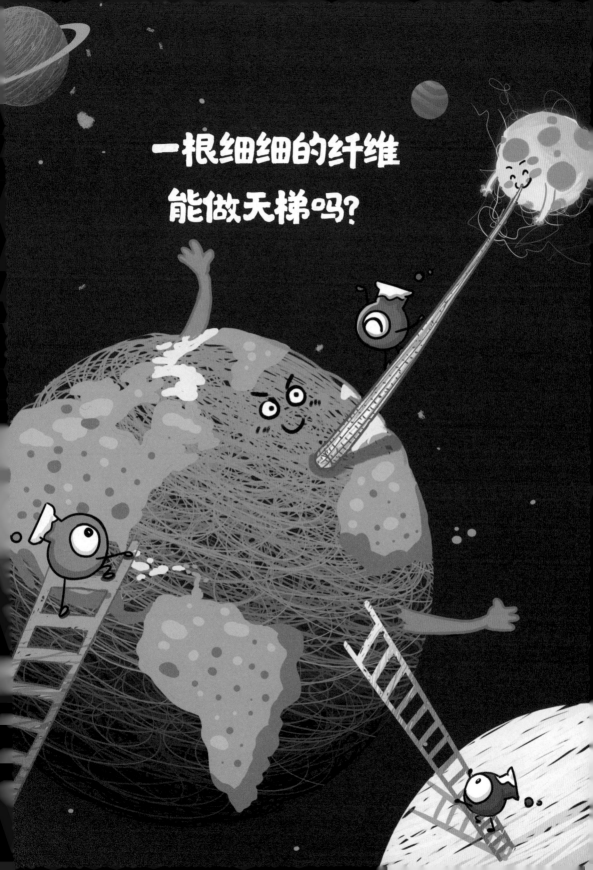

一根细细的纤维
能做天梯吗?

"草长莺飞二月天，拂堤杨柳醉春烟。

儿童散学归来早，忙趁东风放纸鸢。"

春日里，绿色的草地上，和煦的微风中，同学们牵着风筝线，跑着、笑着、闹着，这场面多让人欢喜啊！

细细的风筝线，让无论飞得多高的风筝都能安全"回家"。

自然界中的"丝"，也有"大能量"。蜘蛛吐丝织网，帮助它们捕捉猎物，一般来说，蜘蛛网最大能承受蜘蛛体重10倍多的重量。有一些蜘蛛丝的强度甚至比同等重量的钢丝还要强。

看似细细软软的线或丝，"力气"可真不小。它们在我们的生活中也发挥了重要的作用。

其实，连续或不连续的细丝组成的物质，都属于同一个"家族"——纤维。

棉花、毛发、蚕丝、蜘蛛丝等，是自然界存在的、可直接取得的天然纤维；除此之外，还有经加工处理而成的化学纤维。

棉花、羊毛、蚕丝等纤维可以用来纺成线、织成布，做成各式各样漂亮的衣服；你写作业用的纸，大部分是用植物纤维加工而成的。

纤维"家族"还有一个大本领，就是与其他物质共同组成复合材料，提高强度和刚度。

很多东西都是由纤维做成的，比如：运动会上拔河用的绳子，跳绳用的绳子，爸爸钓鱼用的渔线，给电脑充电的电线，游乐场里空中缆车的钢索，斜拉大桥上的钢缆……这些都是用棉麻、化纤、铜、不锈钢等各种材料做成纤维后，捻成的绳子。它们各显神通，发挥了距离长、跨度大与强度高的本领。

纤维"家族"可真庞大呀！

你能想到纤维有多细吗？比如，1 根头发的直径只有 60～90 微米（即 0.06～0.09 毫米），蜘蛛丝只有头发的五分之一粗，10 根蚕丝才能顶得上 1 根头发的粗细！

还有更细的纤维吗？30 年前，科学家发现了一名纤维"家族"的新成员：碳纳米管。它的最小直径仅为几纳米，相当于头发丝直径的万分之一！它实在是太细小了，肉眼根本看不见，只有在电子显微镜下放大许多倍，人们才能观察到它。

碳纳米管，就像把一个密密麻麻的蜂巢缩小，又卷成一根长长的管子。

你可别小瞧了这只有几纳米细的空心管。碳纳米管虽然个头小，本领却大极了。作为纤维"家族"的"小明星"，在人造肌肉、飞机机身、悬索桥、体育用具、电缆等上面都能看到它的身影。

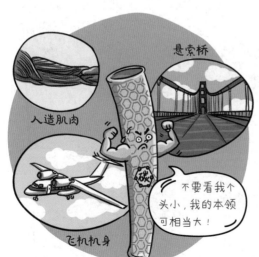

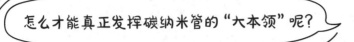

怎么才能真正发挥碳纳米管的"大本领"呢？

首先，要掌握能够大批量生产碳纳米管的技术。

想象一下，如果把沙子放在瓶子中，再往里通气，沙子一定会在里面翻滚，这种现象叫作"流化"。

如果把沙子换成只有几纳米大的小颗粒，瓶子里的景象就完全不同了。即使通入再大的气流，小颗粒也无法均匀地翻滚。

长期以来，碳纳米管这类小到几纳米的材料被认定无法"流化"，因此难以连续化制造，这可是一个不小的难题。

怎么办呢? 清华大学化学工程系魏飞教授带领团队开始攻关啦!

面对几乎空白的技术领域,满怀理想的他勇敢而坚定:"我们就应该寻找新的方向,为国家的未来发展起作用。"但探索之路比魏飞教授想象中的还要困难,他只能依赖多年的流化床经验和基础,摸着石头过河。

你可以想象,在一个直径数米甚至几十米的大罐子里,连续不断地生产出黑色"棉花"的场景吗? 这黑色的"棉花"就是碳纳米管组成的"线团"。

2001 年，在国际纪念碳纳米管发现 10 周年的学术大会上，魏飞教授作为代表登上了演讲席。当他把这一幕景象描绘给所有观众，宣布能够成吨制备出碳纳米管的好消息时，整个会场都沸腾了。

大家纷纷惊叹，率先解决碳纳米管大批量生产这个世界性难题的，是中国人！

然而，魏飞教授并不止步于此。材料的生产是为了更好地应用，他的目标是让碳纳米管真正发挥出优势，在实际应用中创造出更多的价值。

经过 20 余年的不断攻关，魏飞教授团队不仅成功实现了大批量生产，还造出了各种形貌的碳纳米管：

除了毛线团似的聚团碳纳米管，还有形如牙刷一般的阵列碳纳米管，像 DNA 形状的双螺旋式碳纳米管，像悬铃木果实结构似的花状碳纳米管……

我们都是碳纳米管哟！

更厉害的是，魏飞教授团队还让碳纳米管成为锂电池材料中第一个贴上中国标签的新型纳米碳材料。

如今，国内 50% 以上的智能手机与电动车都用上了这种锂电池。或许，你爸爸妈妈用的手机和家中每天送你上学的电动车的电池里就有魏飞教授团队的劳动成果呢！

大家好，我是锂电池！

有了厉害的碳纳米管,你是不是就能变出"太空天梯"?

想象一下,如果有根绳子可以从地球直通月亮,那真是太酷啦!

碳纳米管的出现,让这个梦想有了希望。

碳纳米管的抗拉强度是钢的百倍,抗变形能力是钢的 5 倍,密度却只有钢的六分之一。而且,碳纳米管韧性极高,十分柔软,被认为是未来的超级纤维。这意味着可能会出现一根很轻、很细的丝,可以吊起很重的东西却不会断。

世界上有很多科学家正在为了实现"碳纳米管天梯"而努力着。实现天梯梦,首先要把碳纳米管这根"绳子"做长。

魏飞教授团队已经率先做出了超过 0.5 米长的单根结构完美的碳纳米管。这是个很了不起的成绩! 要知道,世界上此前的碳纳米管最大长度只有 18.5 厘米。

你想加入编织"太空天梯"的队伍中,一起把碳纳米管做得更长、更多吗? 等到可以织成股、捻成线的时候,离"太空天梯"的梦就不远啦!

这就是魏飞教授团队做出的结构完美的碳纳米管,相当了不起!

什么东西能吃能穿还能盖房子?

面包能吃、衣服能穿、木头能盖房子,可既能吃,又能穿,还能盖房子的东西是什么呢?

你知道吗?制造面包的面粉,做衣服的棉花,还有那坚实的木头,好像是由同一种物质变成的。

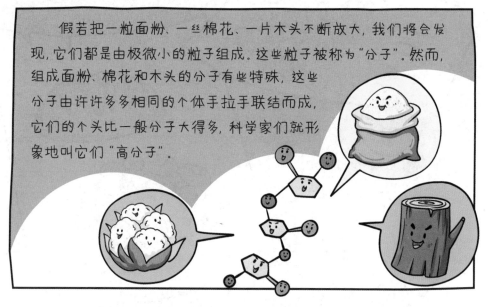

假若把一粒面粉、一丝棉花、一片木头不断放大,我们将会发现,它们都是由极微小的粒子组成。这些粒子被称为"分子"。然而,组成面粉、棉花和木头的分子有些特殊,这些分子由许许多多相同的个体手拉手联结而成,它们的个头比一般分子大得多,科学家们就形象地叫它们"高分子"。

面粉、棉花和木头都是由高分子建造的。

面粉的主要成分是淀粉,淀粉分子是由成百上千个葡萄糖个体手拉手构成的长链——是的,就是甜甜的葡萄糖。我们撕一小块馒头在嘴里慢慢嚼,唾液就可以把长链打开,这时就尝出甜味了。

棉花的棉纤维是纺织原料,它由纤维素构成,纤维素分子也是由葡萄糖个体手拉手构成的。

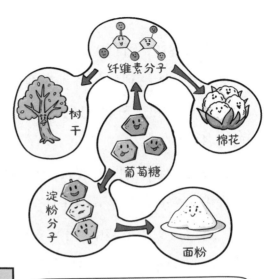

什么？也是葡萄糖！那为何面粉和棉花有如此大的差别？这就是高分子的神奇之处，还有更神奇的事情——组成棉花的纤维素摇身一变，就能建造出大树坚实的树干。

虽然淀粉和纤维素都是葡萄糖个体手拉手组成的，但是葡萄糖个体伸手的方向和拉手的方式却不相同——就像我们手拉手时，可向上举手拉手，也可以向下伸手拉手，还可以正背交叉手拉手。

同样是纤维素，为何既能变成柔软的棉花，也能建造坚实的树干呢？这里的奥秘就在于高分子排队的方式不一样。

小贴士

棉花中的纤维素高分子一层层地紧密排列成管状，构成细长的纤维。在树干中，纤维素高分子则先一条条缠在一起，构成仅有头发万分之一粗细的丝，这些细丝再编织成束，一束束的细丝再一圈圈地紧密排列，形成树干的骨架。这些细丝非常坚韧，而这种层级排列的结构又非常扎实，所以能撑起参天大树。

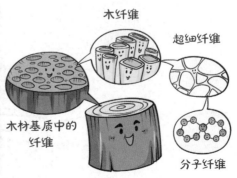

木纤维

超细纤维

木材基质中的纤维

分子纤维

木材

27

自然界中,不同的高分子以不同的排队方式,构建出从吃到穿、从穿到用、从用到住的各种东西。这是自然的魔法。

科学家和工程师们也有魔法,他们可以用高分子"变出"更多功能各异的物品。

你可知道,在世界最长的跨海大桥——中国港珠澳大桥的建造过程中,高分子也立下了汗马功劳吗? 大桥建造的"收官之战"——海底隧道接头的吊装中,吊装 6000 多吨海底隧道接头的不是钢绳,而是由 14 万根纤维丝组成的高分子吊绳。

打造这根超级吊绳的"功臣"是一种超高分子量聚乙烯纤维——力纶。一根头发粗细的力纶,就能吊起足足 35 千克物体(相当于约两桶桶装水)的重量,真可谓"千钧一发"啊!

奇妙的高分子材料不仅在工程建筑上帮助人们突破极限，也在我们的身边创造了一个又一个奇迹。

小贴士

超高分子量的聚乙烯，被誉为"世界三大高科技纤维"之一，除了做吊绳，还能制造防弹衣、航天器防护罩等重要防护用品，是强国强军的一大"法宝"。

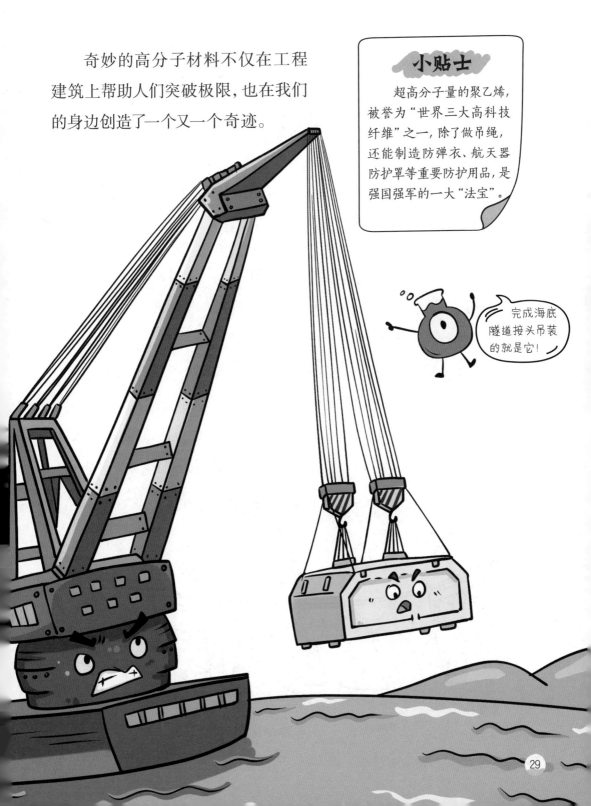

完成海底隧道接头吊装的就是它！

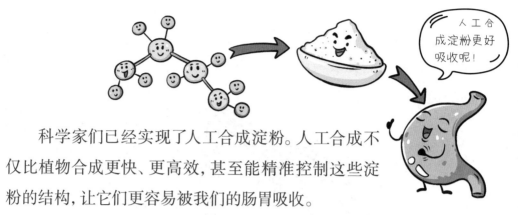

人工合成淀粉更好吸收呢！

科学家们已经实现了人工合成淀粉。人工合成不仅比植物合成更快、更高效，甚至能精准控制这些淀粉的结构，让它们更容易被我们的肠胃吸收。

同样，制造衣服早已不仅仅使用棉花纤维了，人工合成的高分子能"织"出比棉花更多样式和功能的衣服，这些高分子被称为化学纤维。

现在，每10件衣服，至少7件是由含有化学纤维的面料制造的。经过多年发展，我国化学纤维产量已占全世界总产量的70%以上，每年生产的纤维可以为全世界每个人制造4件新衣服。

化学纤维不仅极大丰富了人们的着装体验，用它们制造的衣服还可以拥有"超能力"——干得快、不用洗、防细菌、防火、防子弹……

"超能力"服装家族

干得快　　不用洗　　防细菌　　防火　　防子弹

越来越多的"超能力"服装正在走进我们的生活，比如运动时穿的速干运动服，夏天穿的冰丝防晒服。在这个领域，我国科学家正在不断努力，在世界上实现从"跟跑"到"领跑"的跨越。

东华大学朱美芳院士团队研发的一项多功能纤维技术，解决了"超能力"和"超舒适"这个"鱼与熊掌不可兼得"的国际难题，制造的纤维不仅具有排汗导湿、抗菌、阻燃等多种"超能力"，还可使衣服更加柔软，穿起来更加舒适。

朱美芳院士团队为了打造属于中国人的"超能力"化学纤维，30多年来坚持在科技自立自强的道路上"打持久战"。

为了在第一时间解决问题，她总是深入车间亲自"督战"。有一次，一个月有20多天都睡在车间。当新技术无法在设备上顺利运作时，她就和师傅一起，不停地调试，往往在车间一站就是大半天。夜里，连师傅都扛不住了，她就带着学生站到生产线上，亲自动手操作。就是这样，她带领团队最终生产出性能更优异、更物美价廉的化学纤维产品。

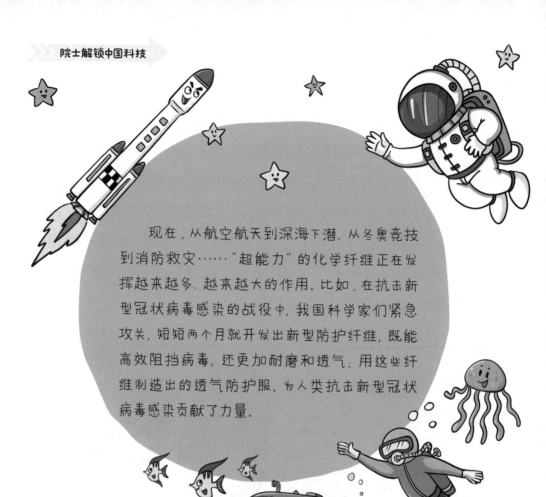

现在，从航空航天到深海下潜，从冬奥竞技到消防救灾……"超能力"的化学纤维正在发挥越来越多、越来越大的作用。比如，在抗击新型冠状病毒感染的战役中，我国科学家们紧急攻关，短短两个月就开发出新型防护纤维，既能高效阻挡病毒，还更加耐磨和透气；用这些纤维制造出的透气防护服，为人类抗击新型冠状病毒感染贡献了力量。

高分子如此神奇，能变身为坚固无比的建筑、营养美味的食物以及科技感十足的衣服。

但比高分子更有魔力的是科学家和工程师，是他们赋予了高分子更多的"超能力"，造福了人类！

同学们，更多有"超能力"的高分子，等你来创造啊！

为什么海水不能直接喝?

我们知道，地球之所以被称为"蓝色星球"，是因为地球表面大约71%的面积被蓝色海洋覆盖。想想看，如果海水能直接喝，就解决了我们地球极其缺水的问题啦。

虽然我的表面有大片的海洋，但是海水不能直接喝啊！

可是，为什么海水不能直接喝呢？

海水中除了水之外，还有好多种成分，比如氯化钠，也就是人们必须吃的食盐。

海水不能直接喝，主要就是因为盐的含量太多了。以每人每天喝4瓶水（相当于2000克）为例，就算海水中盐的含量只有3%，这些水中就有60克盐。

可是，医生告诉我们，每人每天只能吃6克以内的盐，多了就会对健康产生危害。

海水的含盐量好高！

那么，有没有什么办法可以去掉海水中多余的盐分，让海水变淡，变成能喝的水呢？

让我们先来做一个小实验。

把一勺盐放到蒸锅中，加入自来水，盖好锅盖，开火；几分钟以后便可以看到锅盖上有水滴了；再过几分钟就可以看到从锅盖的边缘冒出了水汽，稍微把锅盖倾斜一下，便看到一条小水柱流了下来，用盘子接住，放凉。尝一尝这水是不是一点也不咸？这说明里面没有盐，只是水。

这就是蒸发的方法。在加热时只有水变成了气体，而盐在100℃时是变不成气体的。水蒸气再冷下来就是纯水了。

听说过夙沙氏吧？他可是跟神农氏、燧人氏等有一拼的人物。夙沙氏的功绩就是"煮海为盐"：煮海水，把水蒸走，留下盐让人们使用。远古时期，人们是为了得到盐。现在，咱们要的是水。

这个办法不错，就是有点慢！

蒸、煮，这些字的下面都是在烧火。而烧火需要大量的燃料，燃料燃烧后还会产生二氧化碳，我们已经知道，二氧化碳太多会导致温室效应。

所以，"煮海留水"这个办法不尽完美。

让我们再来做第二个小实验。

细胞膜

把一个黄瓜切成片，放在盆中，撒上一层盐，抓匀。

半小时以后，用铲子把黄瓜片移到盆的一边后，在盆底就能看到一些水了。

这就是渗透的方法。渗，就是慢慢地流。透，就是流的时候要通过一个"中间人"，这个"中间人"就是细胞膜。

如果人们有办法制造一种薄膜，膜的一边放海水，另一边放纯水，通过渗透，就像盐从黄瓜中"抢水"一样，海水一侧的水越来越多，纯水一侧的水越来越少。

哪里跑？快来加入我们吧！

既然水可以从纯水这边渗到海水那边，那么，是不是也可以从海水那边渗到纯水这边呢？

当然可以。只要在海水这边使劲加压，水就能反着渗透。通过反渗透，海水那边的水越来越少，纯水这边的水越来越多，我们就可以得到越来越多的淡水了！

只让水过，盐不能过啊！

那我们是不是可以制造这样一种膜呢？它有个本领：只让水过，不让盐过。

1967年，全国海水淡化大会战在北京、青岛和上海开始啦，大家重点研究的是"透过一张膜，海水变淡水"的"膜"术。

咱们很快就能轻松"串门"啦！

那时，美国已经实现了用反渗透膜去除海水盐分，成本低，也更方便。

"中国也要有！"当时，我国不少科学家开始了早期实验探索，高从堦的老师也加入了研究队伍中，这自然也引导他走上了神奇的"膜"术之路。

在海水淡化大会战中，高从堦的家乡青岛和北京团队负责在3年左右的时间里，研制出性能优异的反渗透膜，并制造一台小型的反渗透海水淡化的样机，实现直接从海水中提取淡水。

中国也要有！

高院士加油

在专家的指导下，高从堦和同事们一起经过两年夜以继日的实验、实验，再实验，成功研制出了国内第一张反渗透膜，而且完成了每天生产1吨淡水的海水淡化器的技术设计。

这可是大会战第一阶段非常重要的胜利呢！

但是攻坚战还在继续！

1970年，大会战主力转到杭州，作为第一批科研骨干，高从堦离开了熟悉的家乡青岛，来到了陌生的杭州，这一待就是五十年，他五十年如一日，只为一张"膜"。

1974年，高从堦带领团队开始攻关。他们克服了资料少、原料短缺、设备供应紧张等困难，成功推出中国人自己生产的第二种反渗透膜。

这个新的胜利让国外的同类产品降价30%。

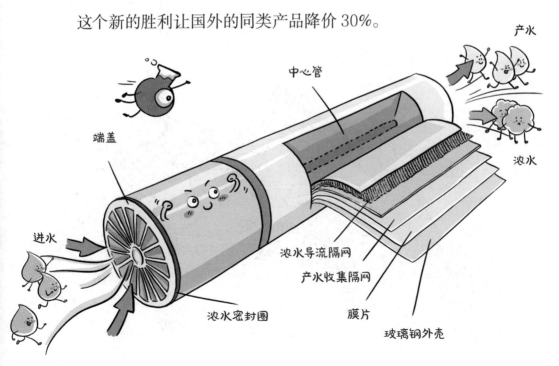

中心管

产水

浓水

端盖

进水

浓水密封圈

浓水导流隔网

产水收集隔网

膜片

玻璃钢外壳

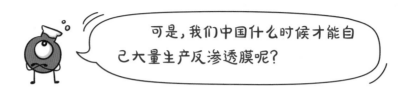

可是,我们中国什么时候才能自己大量生产反渗透膜呢?

1997 年,高从堦团队通过国际合作,建成了国内第一条反渗透膜生产线,成功实现反渗透膜的国产化,打破了国外产品的垄断地位,使进口膜价格大大降低。

"这是我们中国人通过自己的努力,满足了国家的需求。"高从堦院士说,"掌握膜技术,事关未来发展大计。"

可高从堦院士还是忧心忡忡,因为大规模的海水淡化还要依赖国外技术啊,他带领团队在努力,很多科学家在加油。同学们,你们对这神奇的"膜"术感兴趣吗?加把劲儿,也许,新型的海水淡化膜会在你的手里诞生呢!

生活中，塑料袋随处可见。轻薄的塑料袋为我们提供了极大的方便。

可是，我们都听说过，可爱的海豚吃了塑料袋活活饿死的新闻。

如果，塑料袋能很快化为水和气体，那么，海豚或许不会丧命。

在田间地头，或许你也已经注意到一种铺在农田上的"塑料膜"。它们叫农膜，也叫地膜。

地膜就像给农田穿了一件衣服，既能保温，让土壤的温度适合种子发芽；还能保湿，减少土壤中水分的蒸发，从而节约灌溉用水。

农用播种机在自动播种时，可以一边铺设地膜，一边在地膜上打些小洞，把种子种在这些洞中合适的深度。种子发芽后，正好从洞中钻出来。

对杂草来说，地膜是突破不了的天花板。

被地膜盖住的杂草没有多余的生长空间，很难发芽。就算发芽了，在不透光的地膜下，照不到阳光，也就不能和麦苗、水稻苗等农作物抢夺生存资源了。

地膜真是农民的好帮手!

可是，你会不会好奇，地膜也是塑料，海豚吃了塑料袋会丧命，那如果地膜被使用后，残留在土壤中，是不是也会让土壤受伤害?

答案是肯定的。

在庄稼成熟、收割之后，薄薄的、破碎的地膜很难回收。这些地膜残留在土壤中，会影响土壤的质量，不利于以后农作物的生长。

如果这些地膜在被用完之后能自动消失，该多好啊!

如果土壤能"吃掉"、能"消化"掉地膜，该多好啊!

我们已经知道，土壤"吃"不了膜，可是，土壤中的微生物可以吃"膜"啊!

美味!

那我们就发明微生物可以吃的"膜"呗！这就是可生物降解地膜。

普通的塑料由高分子材料制成，可以看作是由一个个独立的小"积木块"搭成的坚固的城墙，也可以比喻为一个超级大的"硬馒头"，要上百年时间，要无数代细菌或者真菌不断接力才能慢慢把它们"吃"掉。

如果科学家能够改变配方做成容易变成"馒头屑"的"大馒头"，那么，菌们"吃"起来就方便多了，就能很快降解。可生物降解塑料的秘诀就在这里。

我们可以把可生物降解塑料的原材料看成是两种独立的小分子"积木块"。其中，一个小"积木块"有两个"小环"；另一个小"积木块"有两个"小钩"。

"小钩"钩到"小环"后，就能够把两个小"积木块"连起来。很多个这样的小"积木块"手拉手，就能连成很长的一条链，这就是高分子。

降解时把"小钩"和"小环"打开是关键！就像是把馒头变成馒头屑。

这样吃起来就容易多了嘛！

土壤中的某些细菌或者真菌（细菌和真菌都是微生物）能够把可降解塑料"积木块"中的"小钩"和"小环"一个个地打开，变成一个个独立的小分子"积木块"。

这些小分子"积木块"就是我们要的"馒头屑"，菌们就可以把它们"吃"到肚子里，很快就消化吸收了。

今天，可生物降解地膜正在祖国各地的农田间大显身手。是谁为秧苗们穿上了这层神奇的外衣呢?

清华大学化工系高分子研究所的郭宝华教授笑称自己是"农民教授"。他出生在农村，从小就知道农民面朝黄土背朝天的艰辛。

他在清华大学化工系学习、研究高分子这种奇妙的材料时，总想为农民做点什么。

地膜对我国农业生产，尤其是西部干旱、缺水地区，还有地表温度低的地区的粮食生产发挥了很大的作用。

但长期大量使用一次性地膜带来的农田白色污染问题太严重啦!

比如在新疆地区，平均每亩的地膜残留碎片大概有 20 千克，相当于给地铺了 5 层膜，严重影响了植物的生长，也给土壤造成了严重的危害。

情况看起来很糟糕呀!

郭宝华教授看在眼里，急在心里!

有什么办法既可以帮助农民增加收成，又可以保证农产品安全，更不让土地受伤害呢？

地膜可降解是关键，也是终极解决方案！

于是，郭宝华教授带领学生们在清华大学的实验室里日复一日地做基础研究，和工厂的技术人员一起攻克生产中的难关，无数次地到棉花试验地、番茄试验田，到新疆的农田里进行土壤污染检测和土壤样本分析，终于建立了我们国家自己的可生物降解地膜全产业链技术体系。

还有一个意外的小惊喜呢，可生物降解地膜还使甜菜和番茄增产了20%！

更让人高兴的是，就在2022年，郭宝华教授带领的项目团队研究、生产的可降解地膜，已经实现了大规模推广应用。

很快，将有150万亩耕地能用上可生物降解地膜。

现在，你已经认识了可生物降解塑料，你还能帮它找到更多的用武之地吗？

比如，如果装厨余垃圾的塑料袋是可生物降解的塑料袋，那么，我们在进行垃圾分类时，就不需要把袋子里的厨余垃圾倒进绿色厨余垃圾桶里，再把装垃圾的塑料袋放进可回收垃圾桶中，是不是会方便很多，也不用忍受那难闻的气味？

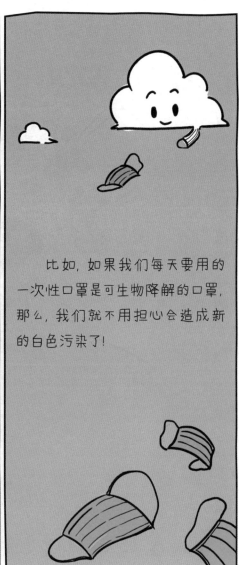

比如，如果我们每天要用的一次性口罩是可生物降解的口罩，那么，我们就不用担心会造成新的白色污染了！

可生物降解塑料让我们的生活变得更加方便，可是，目前我们还不能控制可降解塑料的"保质期"。

我们还不能自如地让使用过的塑料制品在所需要的时间内降解掉。

同学们，或许，这些难题，未来你能解决呢！

"明月几时有？把酒问青天。""葡萄美酒夜光杯，欲饮琵琶马上催。"同学们注意到了吧，这些诗句里都有"酒"呢。

酒让文人诗兴大发，酒让战士豪情满怀。酒在大人们的生活中扮演着重要的角色。

那么，汽车也能"喝酒"吗？

有一部经典的科幻电影叫作《回到未来》，其中有一个镜头是博士把从垃圾桶里捡到的半罐酒倒入飞行汽车的油箱中当燃料。

事实上，让汽车"喝酒"早就不是科学幻想了。

嘿嘿，没想到吧，我是可以"喝酒"的！

接下来就看你们的了！

早在100多年前，科学家们已经做了拿酒精当燃料的实验。但当时汽油很便宜，而酒精比较贵，所以没能大规模使用。

现在，随着汽油价格越来越贵，科学家们想到了人类的老朋友——酒精。

讲到这里，你可能会说，人喝了酒会醉，就不能开车了。

> 汽车"喝了酒"，难道不会"醉"吗？人能开"喝了酒"的汽车吗？

当然可以。汽车喝酒不仅不会"醉"，还有很多好处呢。

和汽油相比，酒精有再生能力。我们知道，汽油是由石油加工而成的，这是一种"化石燃料"，听上去是不是很古老？没错，每一滴石油都经历了上亿年的演变，是不可再生的。

小贴士

化石燃料主要包括煤炭、石油和天然气，是远古时代死去的动物和植物在地下或海底经过漫长的分解形成的，属于不可再生能源。

可酒精就不一样了。你还记得吗？植物可以把空气中的二氧化碳"抓"进叶片，变成美味的粮食。这些粮食不仅能填饱肚子，还可以变成酒精。在发动机里点燃酒精，又会"吐"出二氧化碳，重新被植物"抓住"，再变回来。就这样，酒精"重生"啦！这就是科学家们所说的"可再生能源"。

和汽油相比，酒精还是个爱干净的宝贝。

加了酒精的汽油燃烧后产生的污染物会显著减少，给汽车"喝点酒"能让汽油烧得更干净。

可见，让汽车"喝酒"真是一举两得啊！

> 嘿嘿，我"喝"的"酒"，酒精度要高达100度！

大人们喝的酒是有不同浓度的。或许，你在餐桌上听爸爸说过，啤酒3度，葡萄酒8度，烈性白酒53度。

你来猜猜看，汽车能喝多少度的"酒"？烈性白酒在它们肚里也只是小儿科。

汽车喝的"酒"酒精度须高达100度，也就是没有或只有极少量的水，否则，在发动机里燃烧时就会出现问题。

人们还发明了可以"喝"不同燃料的汽车，称为灵活燃料汽车，既可以使用纯汽油，也可以使用纯酒精，还可以使用加了酒精的汽油，随时切换酒精和油的比例。这种车还真称得上是"酒鬼"了。

> 酒精80%，汽油20%，加满！

通常每生产1吨酒精需要消耗2.5~3吨玉米。想必你会问：

那我们有那么多的粮食来生产给汽车喝的"酒"吗？

确实，如果让全国的汽车都"喝"酒，仅仅添加85%的酒精，每年我国生产的玉米就只够给汽车"造酒"了。

那么，问题来了，除了粮食，还有什么可以用来给车"造酒"呢？

是的，科学家们早就关注到了这个问题，他们已经开始尝试，利用自然界中大量"不能吃"的植物（例如木头、农作物秸秆、杂草等）"造酒"。

想不到吧，我们也可以用来"造酒"！

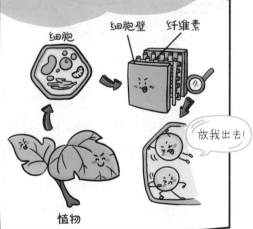

但用这些植物生产酒精可比用玉米困难多了。因为它们的细胞在亿万年的进化过程中形成了坚实的细胞壁，就像穿了一层厚厚的盔甲，里面的纤维素很难变成可以"造酒"的葡萄糖。

科学家们不断努力，提高木头或秸秆变成糖的效率。

细胞　细胞壁　纤维素

放我出去！

植物

山东大学曲音波教授是最早研究它的专家之一。

曲音波原本是酒精厂的一名学徒工,学习用谷物"制造"酒精的技术。喜欢钻研的他对那些能制作酒精的神奇微生物深深着了迷,为此,他看了很多书,努力自学了不少知识。后来,他如愿进入山东大学,成了中国纤维素微生物学的创始人王祖农教授的学生。

"化石能源总有枯竭的一天,生物能源拥有不可估量的发展前景。"老师的一番话在曲音波的心中种下了一颗拓展未来可持续发展能源的科研种子。从此,他开始研究怎么让纤维素更好地变成葡萄糖,一干就是40多年。

欢迎加入曲教授的"造酒大家族"!

纤维素"变身"的关键在于一种叫纤维素酶的物质，而曲音波的工作，就是找到特别擅长生产纤维素酶的神奇微生物。

小贴士

在采用纤维素发酵生产酒精时，纤维素酶的添加可以提高原料的利用率，提升酒质。

去哪里寻找它们呢?

曲音波教授想到了从自然界中寻找。他到处采集土壤样品，从成千上万的微生物中筛选出了具有中国自主知识产权的青霉纤维素酶生产菌株。

到底谁最擅长生产纤维素酶呢?

曲音波教授冒着致癌的风险，经常用诱变剂反复诱变微生物，不断地提高产酶能力。

日复一日，年复一年，曲音波教授筛选出了一系列纤维素酶的高产突变菌株，产酶能力达到了国际先进水平。

当他的新成果应用于纤维素酶制剂的生产时，我国终于打破了国外菌株的垄断。

科学家们的不懈努力使植物生产酒精的成本和难度越来越低啦！而且，科学家们还在努力开发更先进的新技术，比如将秸秆转化为柴油、煤油、电能等，为交通工具提供更多动力。

同学们可以大胆地想象一下，未来，是否只需要往汽车的油箱里塞一把草，就像马儿吃草，汽车也一样靠"吃草"来获得动力，跑得飞快呢？

怎样让煤炭由"黑"变"白"？

沉睡青山亿万年，能给人们送温暖，能发热来能炼钢，能烧开水能做饭。

你猜得到它是什么吗？

它燃烧自己，饱暖人间。

它外表平凡，却有着"乌金"的美称。

没错，它就是黑黢黢的煤炭！

你会不会以为，只有科技不发达的年代，饱暖才依赖煤炭，现在我们"楼上楼下、电灯电话"，情况已经大不相同了？

那么，电是怎么来的呢？

我们使用的电主要来自煤火电厂。在火电厂里，煤炭在锅炉中熊熊燃烧，把水加热成水蒸气，然后推动汽轮机转动。转动的汽轮机带动发电机发电，最后电网把电输送到千家万户，让我们能够照明、做饭。

除了发电，厨灶上跳动的火焰、寒冷冬日里温暖的房间都离不开煤炭的默默奉献。原来，我们今天的饱暖仍然依赖煤炭！

原来电是这样来的呀！

煤炭来自远古时代郁郁葱葱的植物和生机勃勃的动物。它们的年纪有上亿岁，比恐龙还要古老。它们被土地掩埋，历经无尽岁月的沧海桑田才涅槃重生。不辞辛苦出山林后，它们却被烈火焚烧，带给我们温暖，多么壮烈的"牺牲"啊！

你是不是感叹，如果煤炭不用"慷慨就义"也能体现价值，该多好呀！

在科学家和工程师们的努力下，这种美好的愿望就快实现了。

乌黑的煤炭已经可以变成干净的气体、液体，甚至是白如雪、润如玉的塑料，然后再被加工成各种产品，在我们的生活中继续"发光发热"。粮食增产用的化肥，汽车行驶耗的油，你每天穿的漂亮衣服、鞋子，你家里的很多电器，都有可能是由煤炭造的。

你一定好奇，怎么样让煤炭由"黑"变"白"呢？

把煤炭由"黑"变"白"的"魔术"叫煤化工。在所有的化石燃料（煤炭、石油、天然气）中，我们国家煤炭储量最丰富，如何使用煤炭直接影响我们国家的能源安全。为了更好地使用煤炭，众多科学家们跟黑黢黢的煤炭变成了形影不离的好朋友。他们认真细致地研究煤炭"身体"组成的奥秘，无数次试验煤炭在不同条件下化学转化时的脾气，然后为每种煤炭量身定制华丽变身的路线。

让我们来给你定制一套华丽变身计划。

为了这个美好的愿望，科学家们已经努力了几十年。

黑黢黢的煤块能够表演的"魔术"越来越多，很多"魔术"从实验室搬到了煤化工厂。在煤化工厂里，黑黢黢的煤炭依次经过为它量身设计的反应器、分离塔等各种"魔术盒子"，无色透明的气体、液体甚至雪白的固体就神奇地变出来了！

你知道吗？中国煤化工从无到有、从弱到强，可真是不容易啊！我们一步步成为煤化工技术领先的国家之一，离不开众多煤化工科学家的辛苦付出。

小贴士

煤化工是以煤为原料，经过化学加工使煤转化为气体、液体、固体产品或中间产品，而后进一步加工成化工、能源产品，实现煤综合利用的工业过程。

这些科学家是最厉害的"魔术师"对不对？你是不是迫不及待地想知道些"魔术师"的故事呢？

刘中民院士就是一位能把黑黢黢的煤炭变成白如雪的塑料的"魔术师"。

最初用煤炭"变魔术"时，刘中民院士还只是一位初出茅庐的年轻人。当时很多权威专家并不看好这个从未有人表演过的"魔术"，想实现从 0 到 1 的突破可从来都不是一件轻而易举的事情，刘中民院士面临的巨大压力和挑战可想而知。

但是，刘中民院士可不是轻易认输的人。他下定决心：我们的祖国富煤贫油少气，不能走依赖石油的"老路"。只有科技创新，才能让梦想变成现实。

从 1983 年开始，刘中民院士开始了没日没夜的尝试和探索，一种方法不行就再试另外的方法，一次不行就反复尝试。直到 1995 年，他才终于用首创的新工艺，同其他科学家一起完成了正式投产前的试验。谁知，当时国际油价下跌，几乎没有工厂愿意投资相对"昂贵"的煤化工，质疑的声音再次席卷而来。

可刘院士没有停止研发和寻访的脚步。2004 年，国际油价上升，煤化工工业性试验装置终于获得了开工建设的机会。

科技创新 让梦想变成现实

属于我们的机会来啦！

　　为了把握住来之不易的工业化试验机会，刘院士和数位科学家一起在化工厂安营扎寨，开始了夜以继日的工作。当时，所有的试验环节都在一座将近12层楼高的装置里发生，哪个环节出了意外，都可能导致试验失败，前功尽弃。装置上有个火炬，一旦熄灭，就表示有故障出现。那段时间，刘院士没有睡过一个安稳觉，他时常在半夜惊醒，踏着月色去装置跟前查看。火炬上的光亮就像科学家们不灭的希望。

　　几百个日夜的"提心吊胆"，终于换来了工业化试验的成功。后来，他们利用这次试验得到的可靠数据，在2010年实现了煤化工工业应用"零"的突破。

煤化工的"魔术"迎来了曙光，刘中民院士和团队却不满足。他们更加兴致勃勃，继续将这项从无到有的魔术升级、变强。

他们在初代技术的基础上研发出第二代、第三代煤炭变身的"魔术"。煤炭经过重重变身，每年都能转化出成百上千万吨既清洁又有用的塑料、纤维等宝贝，在我们生活的方方面面"发光发热"。

以刘中民院士为代表的煤化工"魔术师"不仅让我国宝贵的煤炭资源华丽变身，而且守护了我国的能源安全和环境安全。

如果有机会碰到黑黢黢的煤炭，你是不是不再嫌弃它乌黑的外表，反而欣赏它无私奉献的精神？尽管很多科学家已经将煤炭由"黑"变"白"，开发出很广泛的用途，但是如何使用如此宝贵的煤炭资源却是一条永无止境的探索、优化之路。

如果有机会，你想不想也当一名能够让煤炭华丽变身的"魔术师"，为国家的能源安全保驾护航呢？

卡通布口罩能防病毒吗?

我们知道，戴口罩是帮助我们预防新型冠状病毒的主要手段，所以，口罩也就成了我们每天不可或缺的东西。

很多同学看中了卡通口罩：

因为，它比单调的蓝色医用口罩好看多了！如果是布的卡通口罩，脏了洗干净还能接着戴，很节约吧？

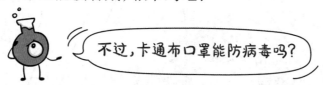

要回答这个问题，你可以先拿一个我们最常见的蓝色一次性医用外科口罩，用剪刀把四周剪开，你会发现，口罩一共有三层。告诉你，内外两层是无纺布，中间层是熔喷布。

外层的无纺布可以防飞沫，这样别人打喷嚏产生的飞沫就会被挡住。

内层的无纺布主要用来吸湿，让我们呼出去的水蒸气透出去。

如果，你仔细对比这两层无纺布和你衣服的布料，你会发现，做衣服的布是用横向的线和纵向的线织出来的，而无纺布则是杂乱无章的纤维粘在一起压成的，所以有很多孔隙。

这么多的孔隙，能挡住细菌和病毒吗？

的确，内外两层的无纺布作用不大。

中间层的熔喷布，才是挡住细菌和病毒的关键层。

其实，熔喷布也是无纺布，不过它是由直径1微米左右的聚丙烯超细纤维组成。50根到100根这样的纤维才有你1根头发丝那么粗。

纤维越细，形成的孔隙就越小，对细菌和病毒的过滤效果也就越好。

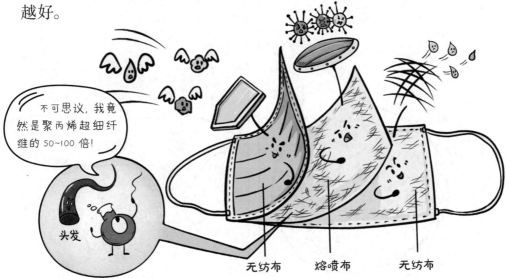

不可思议，我竟然是聚丙烯超细纤维的50~100倍！

头发　　无纺布　　熔喷布　　无纺布

有了这三层不同功能的布，是不是就万事大吉了？

当然不行！

尽管熔喷布的孔隙已经很小，但是在细菌和病毒面前，它就像是一张大渔网。

要知道，细菌大约只有零点几到几微米，而病毒更小。新型冠状病毒的直径平均约为 100 纳米，也就是一千万分之一米。

新型冠状病毒就像小鱼儿一样，只要有机会，轻轻松松就可以穿过"大渔网"。

或许，你会说，那就多压几层呗！布越厚，"渔网"不就越小吗？

有道理！可是我们也会喘不过来气，怎么办呢？

你听说过用电打鱼吗？渔民打鱼时，有时会用一点点电，将鱼电晕，挑大鱼放小鱼。

为了挡住细菌和病毒，科学家也想出了一个好办法——驻极处理：让熔喷布带上电。当细菌和病毒通过的时候，就会被静电效应牢牢地吸附在熔喷布上。这样我们就既能顺畅呼吸，又能防护到位了。

轻轻松松穿过"渔网"！

啊啊啊！是谁在吸我？

有过滤和静电吸附两大秘密武器在手,普通的一次性医用外科口罩能过滤 95% 以上的细菌。

N95 口罩(咱们中国标准叫 KN95 口罩)更厉害,还能挡住 95% 以上的直径在 0.3 微米以上的小颗粒。

看到这里,相信你一定有自己的结论了:卡通口罩可不一定能防病毒!如果卡通口罩注明了符合"民用卫生口罩"或"医用外科口罩"标准,那就是可以防病毒的。

现在,你了解了这么多关于口罩的知识,已经是个口罩小达人啦!

那么,你知道口罩是由什么变成的吗?

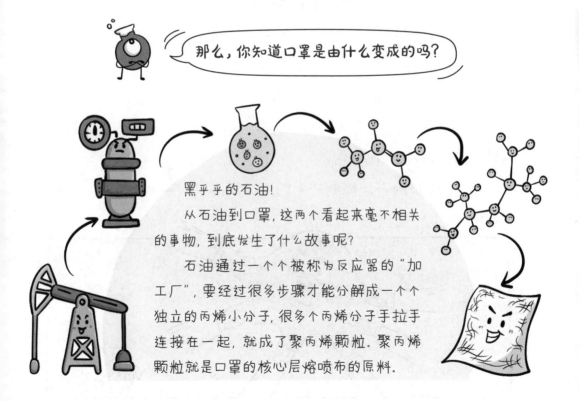

黑乎乎的石油!

从石油到口罩,这两个看起来毫不相关的事物,到底发生了什么故事呢?

石油通过一个个被称为反应器的"加工厂",要经过很多步骤才能分解成一个个独立的丙烯小分子,很多个丙烯分子手拉手连接在一起,就成了聚丙烯颗粒。聚丙烯颗粒就是口罩的核心层熔喷布的原料。

小贴士

聚丙烯颗粒是怎么变成超细纤维的呢?

你一定吃过棉花糖吧?把砂糖放在机器中,加热溶解成糖浆,高速旋转产生离心力,在此作用下,热空气将糖浆吹出来,变成细丝,棉花糖就新鲜出炉了。

聚丙烯颗粒就像砂糖,加热熔化后,拉成细丝。

可是,你知道吗? 以前,从石油变成丙烯要经过很多步骤,而且它们只是石油变成柴油和汽油的"副产品"。

丙烯是一种重要的化工原材料。

丙烯不仅可以加工成纤维、塑料,还可以做成橡胶。我国每年丙烯的需求量约数千万吨。

可是,传统的石油炼制产生的丙烯只占 10%～20% 左右,远远不够用。

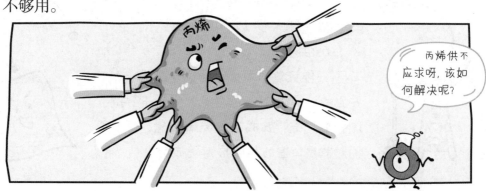

丙烯供不应求呀,该如何解决呢?

为了增加产量，寻找新的技术，金涌院士带着清华大学反应工程教研室成员每天从早晨进入实验室，直到晚上十一二点才离开。

"冬天大家做实验，水溅到衣服上，骑车回去裤子都能冻上。"金涌院士团队的一位成员说，"我们不管是老师还是学生，都实行'白加黑''五加二'的工作节奏。"

在工厂进行实验时，他们每天爬上爬下数十次，到八九十米高的塔架上取样分析。

为了深入观察，他们戴上防毒面具，钻到反应器内部，去测量、考察、分析。

你要知道，那反应器里装着的是大量腐蚀性很强的催化剂粉末。

好高呀!

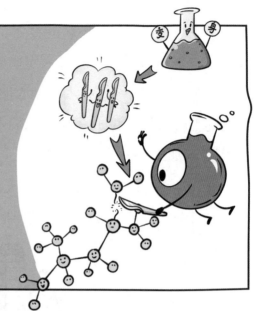

经过多年的研发，清华大学反应工程教研室形成了一套世界领先的技术，丙烯的生产率可提升到70%左右。这套技术还转让到了国外。

这套技术把催化剂变成无数把精巧的手术刀，可以把石油的长链大分子精细地切割成小分子，而不误伤也不遗漏任何一个小分子。

反应工程教研室正是金涌院士一手创建的。

如今，教研室研究人员已经"四代同堂"，其中魏飞教授接过攻关的接力棒，已经成为行业顶尖专家，继续带领着一代又一代更年轻的教授奋力前行。

金涌院士曾说："所有的创造都不是瞬间完成的，每一次都是因为你比别人多做了一点，比别人做得快了一点，站得高了一点，才能看到新的东西。任何创造都是在长期踏实的付出和积累后才呈现的，绝不是做梦做出来的。"

同学们，你们想做出自己的创造吗？那就多做一点，做得快一点，站得高一点吧！

"秋荷一滴露,清夜坠玄天。

将来玉盘上,不定始知圆。"

你有没有注意过荷叶上的露珠?水珠并没有在荷叶上铺开,而是可以在荷叶表面滚来滚去,把荷叶上的灰尘等都带下来了,最后随着荷叶一歪,滚入水中。

荷叶为什么能不沾水呢?在高倍的电子显微镜下看,你会发现,荷叶的表面一点也不平整,而是布满了小小的突起。它们就像一座座山包。而且,每一座"山包"上面,还长满了更小的"绒毛"。在这些"长满绒毛的山包"之间充满了空气,就把水滴给"顶"起来了。

这层由突起的"山包"和"绒毛"组成的"外衣",有个名字,叫作"微纳结构",它就是荷叶不"沾水"的秘密。

我们的衣服能不能像荷叶表面一样，既不沾水，也不沾油呢？

当然可以啦！

1996 年，中国科学院化学研究所的江雷院士在德国参加学术会议。散会后，他和其他科学家好朋友一起吃饭聊天，饭桌上，大家聊到了荷叶不沾水的现象，看起来司空见惯，却格外有趣，一时间谁也没法完全解释清楚其中的原理。说者无意，听者有心，江雷院士一下子来了兴趣，回国之后，就立刻研究起来。

我也想看看！

他在实验室的显微镜下仔细观察，弄清楚了荷叶表面的特殊结构，又举一反三，研究起其他动植物的表面。比如：能够收集露水的蜘蛛丝，能够收集空气中雾滴的仙人掌刺，在水里不沾油的鱼鳞……

他惊喜地发现，这些神奇的本领，全都和它们表面的结构有关系。他心想，找到其中的规律，模仿它们的结构，制作出相似的人工结构，不就可以发明各种特殊功能的"外衣"了吗?

当时，不少人并不认同江院士的研究方向，可是江院士一点都不在乎，他始终坚持走自己的路。他模仿不沾水荷叶，做出了不怕脏的衣服，他还做出了会自清洁的领带，卖出了几百万条;做出了一种能防雾的玻璃，卖出了200多万平方米。他模仿仙人掌刺的结构做出了人造的针，可以从废水中把油分离出来。他从吸水的毛笔中获得灵感，设计了可以刷出超薄材料的实验器材……

把凉水倒在他发明的布上——水立刻全都流下去，而布还是干爽的。一块普通玻璃放在热水上会马上起雾，换成他发明的玻璃则完全透明。就是这么简单，就是这么不可思议!

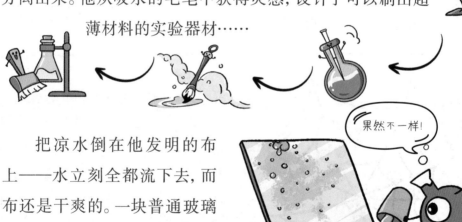

果然不一样!

"微纳结构"的神奇之处还远不止于此!

通过改变"微纳结构"上面一个个突起的大小、形状和排列方式,还能产生各种更为神奇的效果。

比如蝴蝶绚丽的翅膀、孔雀美丽的羽毛、泛着光泽的贝壳,随着光线的不同,都会有美妙的色彩变化。但这种颜色并不是它们本来就有的,而是因为它们"微纳结构"中的每个小突起,大小都严格一致,使光线照在上面"拐了弯",人肉眼看到的颜色才会随之改变。若穿上这样的衣服,你就可以像"变色龙"一样啦!

天津工业大学的张兴祥教授发明了尺寸相当于"微纳结构"中的小突起那么小的微胶囊,里面装的材料在外界温度超过人体的舒适温度后会吸热,在外界温度低于人体舒适温度后又会放热。把这样的微胶囊放到衣服中,我们的衣服就能自动调节温度啦!穿上它,就像自带了一个迷你空调一样。

东华大学的朱美芳院士团队从改造服装面料的纤维入手,发明了拥有各种各样"超能力"的新衣服,比如用导电纤维加上可穿戴的传感器做成的衣服,可以随时测量脉搏、心跳、血压,再通过网络把这些信息传给医生,实现云诊断。用加入抗菌粒子的纤维织成的衣服,既透湿舒适,又能杀菌消毒,可以让我们的白衣天使们远离危险的细菌。把纤维做得能像蜘蛛丝那样极为强韧,就能够拿来做防弹衣,保护我们最可爱的解放军战士。

当然，人类科技的每一个进步、每一种发明，都凝结着科学家们的汗水与努力。就拿不怕脏的衣服表面的涂层来说，怎么把涂层涂覆到衣服纤维的表面上？表面的结构那么小，怎么保证不会被轻易破坏？这些问题都需要科学家们一个一个地在实验室中研究、在工厂流水线上实现。科学家们还要不断改进工艺、控制成本，让普通老百姓的生活也能因高科技而得到改变，其中的难度不言而喻。

如何面对和解决这些难题？江院士说："要有所发现、有所发明、有所创造。"

想要有所发现，你需要有一双充满好奇的敏锐的眼睛，能关注到自然界中很多看似司空见惯的有趣现象，还需要有深厚的知识和能力积累，来探索这些现象和问题背后的原理。

想要有所发明和创造，你需要像探险家一样，拥有克服困难的勇气和持之以恒的毅力，一步一步地解决研究过程中的问题，不断积累取得突破。

所以如果有一天，你也穿上了不会湿、不会脏、会变色、能调节温度的神奇外套，别忘记科学家们为它付出的辛劳汗水，更别忘记要像科学家们一样，让自己拥有一双敏锐的眼睛、一个善于学习思考的大脑和一颗坚毅无畏的心。

你知道什么是智慧吗？当你看到这个问题，开始思考的时候，你就已经在运用智慧了。

人类能够感知这个世界，比如我们能够实时感觉到天气冷暖的变化；人类能够分析这个世界，比如我们能够分析为什么会有春夏秋冬四季更替；人类能够改变这个世界，比如我们能够建造冬暖夏凉的房子，发明调节室温的空调。这些都是智慧的体现。

人类的智慧真是无穷无尽呀！

所以，你现在知道了，人类的智慧有多么了不起吧。

但是，我们人类智慧的最伟大之处，是可以让本没有智慧的事物拥有智慧。

比如，我们都知道，化工厂可以生产出很多衣食住行所必需的物品。

但是，化工厂仅仅是几座房子，一些机器，它也能拥有智慧吗？如果化工厂跟人类一样思考，会是怎样奇妙的场景？

讲到这里，你是不是既激动兴奋又难以置信。别着急，如果你够聪明，就和我一起像化学工程师一样，运用"智慧"，建造一座智慧化工厂吧！

首先，请你想一想，智慧化工厂需要拥有哪些本领呢？

比如，一座智慧炼油厂，要像一个好厨师：

1. 这座炼油厂会"嗅"：知道自己手里的"食材"（原油）有什么特点（比如黏度、金属含量、酸性等）。

2. 这座炼油厂会"想"：想明白这些"食材"应该用什么方法来加工"烹饪"（比如原油精馏塔的压力、温度等）。

3. 这座炼油厂会"做"：通过自己高超的厨艺将"食材"加工成一道道"美味佳肴"。

想要把化工厂改造成会"嗅"（感知）、会"想"（判断分析）、会"做"（执行）的智慧化工厂，要为它安上几个像人类一样的"器官"：一个灵敏的"鼻子"、一个聪明的"大脑"、一双敏捷的"手"。

可是，想要做到这些，让机器像人类一样拥有智慧，是非常困难的。为了实现这个目标，人类已经努力了几百年。

你一定听说过工业革命吧？四次工业革命，人类用智慧让机器不断进化，甚至为它们安上了像人类一样的"器官"。带你回到过去，看看科学家们是怎么一步步让化工厂越来越"聪明""能干"的吧。

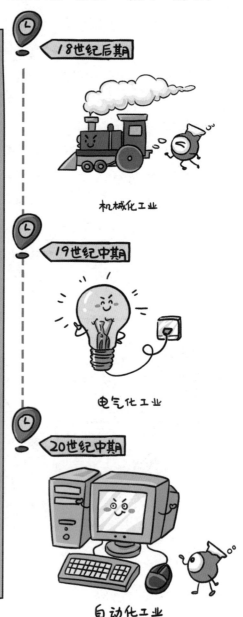

第一次工业革命给了工厂生命。

18世纪后期的英国，工程师用水和蒸汽动力取代了人力，让工厂能够机械化、大规模地生产。从此，人类进入了机器替代人力的时代。第一台机械式纺纱机"珍妮纺纱机"、第一台蒸汽机诞生了。

第二次工业革命给工厂"通了电"。

19世纪中期，在一些欧洲国家、美国和日本，人们利用石油、天然气和电力，发挥电话和电报等技术。比"蒸汽"更厉害的"电气"登场后，世界上有了第一台发电机、第一盏电灯、第一台内燃机。对了，还有一个重要的发明——咱们的化学工业！

第三次工业革命让工厂的"大脑"有了雏形。

20世纪中期，科学家和工程师将计算机、更先进的通信和数据传递技术引入工业制造中。第一台电子计算机开辟了信息时代，也让工业生产实现了"自动化"。

18世纪后期

机械化工业

19世纪中期

电气化工业

20世纪中期

自动化工业

当前，我们正处在第四次工业革命中，也称为工业4.0。工业4.0这一概念于2013年德国汉诺威工业博览会正式推出。美国称"工业互联网"，我们国家称"智能制造"。三者的本质大同小异，都是利用日新月异的信息化技术促进化工厂的智能化变革，这也就是我们提到的智慧时代。

人类为了让化工厂拥有智慧做了这么多努力，其中当然也少不了中国人的身影。

虽然我们起步晚，但是我国科学家和工程师的热情和决心可不一般。其中清华大学化工系陈丙珍院士就是代表之一。

奋起直追！

在动荡的年代，陈丙珍院士敏锐地看到中国的化工厂和国外的化工厂在信息化、自动化方面的巨大差距，这也激发了她不服输的斗志。"国外有的技术，我们也要有，甚至要更好！虽然基础没有，但也要把丢掉的东西捡回来，把失去的时间找回来，填补中国化学工业在这一块的技术空白。"这也掀开了我国化工厂信息化、自动化、数字化建设的序幕。

在那种艰苦的环境下，陈院士几乎每天都是上午编写程序，下午骑着自行车把程序带到另外一个地方编译调试，不成功就得返回学校继续修改，然后再去调试，完成一段计算机程序的调试运行需要好多个来回。

不管严寒酷暑，不管刮风下雨，一种使命感和责任感驱动着陈院士砥砺前行。

20世纪90年代，陈丙珍院士经过一系列的攻关，带领的课题组在兰州首次完成了在线优化与先进控制的集成，为智慧化工厂的建设提供了"大脑"基石。

2010年以后，国内外"化工4.0"如火如荼地进行着。年逾古稀的陈丙珍院士紧跟国际前沿热点，她带领的团队为建设一个更为聪明的化工厂继续奋斗着。

你一定很好奇，这么多年的努力，咱们中国有智慧化工厂了吗？它有多"聪明"？

中国石化作为领航者，陆续建成了很多的具有智慧特征的化工厂。这其中，就有 2020 年陈丙珍院士带领团队在中国石化九江石化分公司建成的智慧催化裂化装置。

这个装置有自己的"鼻子"——原油核磁共振检测装置，能够快速高效地感知所"烹饪"原油的特性。

它有自己的决策"大脑"，能根据"鼻子"获取的信息，实时分析当前的运行状态，决定最佳"火候"。

它还有一双安全可靠的"手"——自动控制系统，能完整准确执行"大脑"发出的指令，发挥出高超的"厨艺"。

在"鼻子""大脑""双手"的自主协同作用下，这个装置与常规的同类装置相比，"鼻子"获取信息的时间由 1 周缩短到 2 小时左右，"大脑"做出指令的准确性有了质的飞跃。

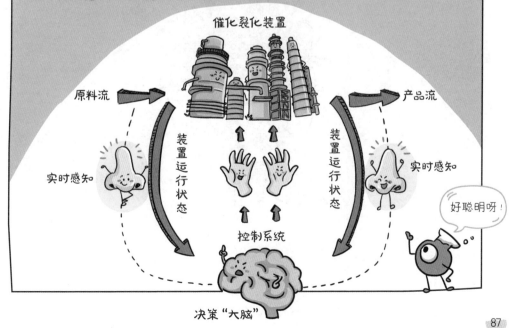

同学们，你们一定都玩过乐高吧，感受到了它的奇妙吧？也许有一天，未来的化工厂就像你们搭乐高一样，能够自我变换，生产出不同类型的化工产品。

也许有一天，未来的化工厂运行就像你们的爸爸妈妈用手机查资料一样，只要发出一条指令，化工厂就能自己完成生产任务。

也许有一天，未来的化工厂还能变得更奇妙、更聪明……

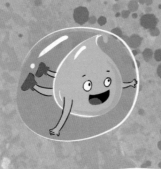

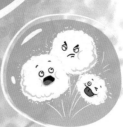

除了
液态、固态和气态，
水还能变成
什么"样子"呢?

想必你听过一首脍炙人口的儿童歌曲《泉水叮咚》吧：

"泉水叮咚，泉水叮咚，泉水叮咚响。

跳下了山岗，走过了草地，来到我身旁。"

在炎热的夏季，你一定喜欢在泉水叮咚响的小溪中嬉戏玩耍，那叫一个爽啊！

水是生命之源。人体中70%是水，液体水可以把人体内各种溶解的营养素输送给细胞。

我是水，我可是会变身的哟！

啦啦啦，我是快乐的运输员！

溶解的营养素

细胞

通常情况下，温度在0°C到100°C，水呈液态。而在0°C以下，水则呈固态，就是常见的冰。冰晶莹剔透，但脾气可有点坏，不知道你可曾领教过冰的坏脾气。

比如在夏季，你满头大汗从外面跑回家，特想喝点冰凉的饮料。于是急匆匆地将妈妈放在桌子上的凉白开倒进玻璃瓶里，灌满后拧紧瓶盖，放入冰箱的冷冻室里。

可等来的是什么呢？突然一声响亮的爆炸声从厨房传来。打开冰箱后你大惊失色，瓶子不见了，到处是玻璃碎片，只有一根瓶子形状的冰棍孤零零躺在那儿。

难道冰发作了坏脾气，会像炸药一样爆炸吗？

冰当然不是炸药，这只是水的一种独特现象。你早就知道热胀冷缩的道理，对于大多数液体，如酒精和食用油，凝固时体积确实收缩，唯独水凝固时体积膨胀。

封闭在玻璃瓶中的水，当它凝固成同样质量的冰时，体积变大从而使劲挤压瓶壁，直到瓶壁再也无法承受膨胀的压力，瞬间爆炸发生了，瓶子裂成了碎片。

当我凝固时体积会膨胀，膨胀的压力会让玻璃瓶裂成碎片！

伟大领袖毛主席曾在其诗词名篇《沁园春·雪》中描绘寒冬中的北国风光："千里冰封，万里雪飘……大河上下，顿失滔滔。"

由于冰比水轻，"顿失滔滔"的大河，水面上漂浮着厚厚的冰层，起着抵挡严寒的保护作用。冰层下的深水是密度大、温度为4°C的流水。所以即使寒冬腊月，冰层下仍是流水潺潺，一派生机。

下雪了，会不会很冷呀？

有我在，不用担心！

水还有一种状态——气态。想必你有帮妈妈烧开水的经历吧！在 100℃ 时，水沸腾了，壶盖在水蒸气的冲击下发出啪啪的响声，大团大团的水蒸气从壶嘴喷涌而出。

有。水的温度达到 374℃、压力为 218 个大气压的临界点时，高温高压下神秘水世界的"面貌"和"性情"大变。

这个时候，液体和蒸气的界面消失了，在此点以上，继续升高温度和增加压力，它们统统变成了一种奇特的流体——超临界流体水。

超临界流体水是一种特殊的气体吗？

当然不是，超临界流体水既不是液态水，也不是水蒸气，它是水的第四种状态。它是流体，但比水蒸气要重得多，比液体水要轻。

超临界水有很多奇异性质，它几乎可以溶解任何有机物。化学工程学家正是利用了超临界水的这个性质，开发了超临界水氧化处理污水的工艺。

在化工反应器中，将环境污水加压升温至超临界状态，污水中的有机化合物会均匀地溶解在超临界水中。然后通入氧气，有机化合物就会发生快速的氧化反应，最后变成了水和无毒的二氧化碳与无机盐，就连严重危害人体健康的二噁英都化成一股青烟消失了。

小贴士

污水中的有机化合物成分非常复杂，除了一些有毒物质外，一般包括碳水化合物、蛋白质、油脂、木质素等，在分解时容易产生有毒的物质和难闻的气体，使水质进一步恶化。

不只是水，温室气体二氧化碳在高温高压下也可变为奇特的超临界萃取溶剂。

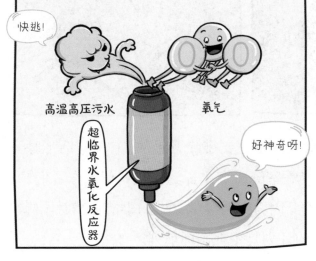

快逃！

高温高压污水　　氧气

超临界水氧化反应器

好神奇呀！

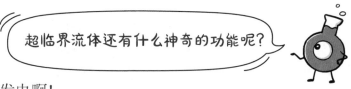

超临界流体还有什么神奇的功能呢？

发电啊！

因为水汽化成水蒸气需要热量，而水在临界点转化为超临界流体时，不需要吸收热量，所以与依靠高压蒸气的传统火力发电机组相比较，超临界发电机组的优点是"用最少的煤，发最多的电"。

传统火力发电

撸起袖子加油干呀！

超临界发电

但是说起来容易，做起来可是要排除万难的。有一句话形象地描画出多相流国家重点实验室陈听宽主任这一代科学工作者们，那就是：用热情，沸腾了科学。因为中国科学家做的事情在当时国际上都是非常少有的，而他们的计划是走在国际前列。

他们建立起了国家最大的超临界实验基地，他们利用超临界水这个特性，自力更生建立了节能的超临界火力发电厂。

当时在搭建全国唯一的超临界高温高压气液两相流实验平台的过程中，因为超临界条件下流体处于高温高压状态，国内根本没有能够满足条件的仪器仪表，而且测温热电偶的密封、电加热装置的绝缘等技术难题都得不到解决。

在这个平台的第一次调试中，陈听宽先生带领着他的团队，冒着高温高压环境下随时会爆管的危险，连续奋战了十几个小时。多少个日日夜夜，他们饿了啃烧饼，渴了喝白开水，最终完成了这一堪称经典的试验平台，为后来的科研工作打下了坚实的基础。

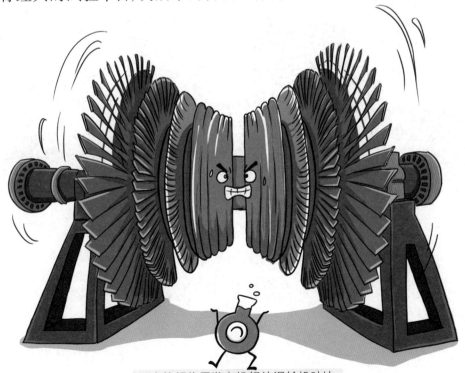

巨大的超临界发电机组的涡轮机叶片

陈听宽先生在古稀之年依然不辞辛劳，攻克了超临界锅炉在材料、传热以及流体力学方面的重重难关，为超临界发电机组的成功研制做出了重要贡献。

2022年，中国的超临界发电机组已占据了世界的半壁江山，如上海外高桥第三发电厂是全球第一个将供电煤耗降到280克/千瓦时以下的发电厂，被国际同行誉为世界顶级的火力发电厂。

上海外高桥第三发电厂

你是一个对科学充满好奇心的孩子吗？你也能像陈听宽先生那样，做到在探索科学的道路上虽然历经磨难，却丝毫不减会当凌绝顶的壮志豪情吗？希望你也能针对水的超临界流体创造一个小小的奇迹啊！

你有没有好奇过，汽车的"食物"为什么会叫作汽油呢？难道就是因为这是给"汽"车喝的"油"吗？

事实上，汽车和汽油并不是固定搭档。有些汽车"喝"汽油，也有些"喝"柴油，现在还有越来越多不"喝"油的电动汽车。汽油也不只有汽车能"喝"，摩托车也靠汽油提供动力。

> 这些都是我的食物哟!

> 那"汽油"的名字是怎么来的呢？

其实，"汽油"最早叫"火油"。有一种说法是，因为汽油在空气中很容易"汽化"，慢慢地，"汽油"就成为它的官方名字了。

你知道汽油的"汽化"是怎么回事吗？

汽油是个顽皮活泼的小家伙，它特别容易从液体变成气体"飞走"，这个过程就是汽油"汽化"。

小贴士

汽化是物质从液态变成气态的过程。在液体表面发生的汽化现象叫蒸发；当受热超过一定温度时，在液体表面和内部同时发生的剧烈的汽化现象叫沸腾。

> 嘿嘿，轻轻地我走啦!

加油时，汽油以液态油的样子从管子里流进油箱中，所以你会听到哗哗声。不过，淘气的汽油可不愿乖乖以液体的样子待着，即使在加油的那一小会儿，也会有一些汽油从"油"变身成"气"，飞到周围的空气中。它们飘进鼻子里，你就会闻到那种特殊气味。这神奇的变化是不是酷极了，是不是有点像孙悟空的"七十二变"？

其实，汽化"变身"在你的生活中经常发生。比如，把水烧开后会有气从壶口突突冒出，洗干净的湿衣服在阳台上晾干，都是水汽化成水蒸气飞走了。

看我"七十二变"！

 那你知道这种看似简单的汽化变身，在我们的工业生产中发挥了多么重要的作用吗？

不同物质的汽化能力是不同的，就好像你们班同学的跑步速度不同一样。

在田径比赛上，发令枪一响，同学们从同一起跑线出发，很快，因为跑步速度不同，在跑道上就逐渐拉开距离了。想象一下，把很多汽化能力不同的液体倒进同一个杯子里，再给杯子加热，这场汽化"比赛"会出现什么有趣的现象呢？

你一定说对了！不同的物质排着队跑出来了，容易汽化的先跑出来，不容易汽化的跑在后面。如果再让这些跑出来的气体进入不同的杯子冷却，我们就能收集到一杯杯分离后的液体了。这场汽化"比赛"叫蒸馏。

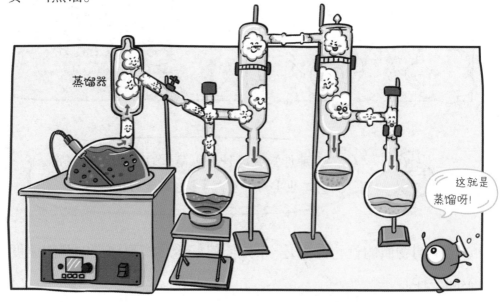

蒸馏器

这就是蒸馏呀！

工业上也会采用多次蒸馏的方法来分离混合物，叫作精馏，汽油就是通过精馏从石油中分离出来的。

如果哪天你路过化工厂，一眼望去，最高的那座塔可能就是正在进行精馏"比赛"的精馏塔。石油通过精馏还能获得柴油、沥青等，这就是化学家所说的"炼油"。

不仅是汽车喝的油，我们人喝的纯净水，也能通过精馏得到。

我们国家现在的精馏技术很发达，每年能炼制大量的汽油，让每辆汽车都能随时"喝饱"。但新中国成立之初，我国的精馏技术发展薄弱。

当时，中国受到敌对国家的核威胁，要想不受欺负，就必须制造自己的原子弹。重水是核反应堆使用的减速剂，在自然界含量很少，而我国当时没有重水精馏技术，核技术起步遭遇瓶颈。

紧要关头，一位科学家站了出来，接下了这项巨大的挑战。他就是余国琮院士。

他曾是天之骄子，28岁就被列入美国科学家名录，却义无反顾选择回国，投身我国化工精馏事业的建设。周恩来总理握着他的手说："现在有人要卡我们的脖子，不让我们的反应堆运作。我们一定要争一口气，不能使我们这个反应堆停下来！"

有我在，反应堆不会停！

余国琮院士在心中发誓：这口气必须争回来！

他推掉了所有的事务，把自己关在实验室，和水的分离较上了劲。

想要分离出重水，需要很高的精馏塔，可当时实验室的层高远远不够。这该怎么办呢？

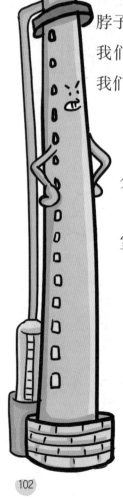

这差距有点大呀！

他想了又想，突然得到了灵感，把几座稍小的精馏塔串联起来，能不能成功呢？他和同事们一起设计建成了一套多级精馏分离塔，开始了重水精馏的实验。

团结起来力量大!

那段时间，每天一起床，他就直奔"塔"下，除了吃饭，就是在那里做实验和维护。精馏塔昼夜连续运转，他也披星戴月，不知疲倦。

终于，在耕耘不辍的努力下，他用自创的浓缩重水"两塔法"提取出了纯度高达 99.9% 的重水。从此，我国生产出了自己的重水，余国琮院士为核技术的起步和"两弹一星"的突破立下了赫赫功劳。

给余国琮院士点赞!

后来，"争一口气"成了余国琮院士始终秉持的人生信念，他一生都致力于精馏方向的研究和开发，解决国家的"卡脖子"技术。

85 岁时，余国琮院士还坚持在讲台上给刚上大学的同学讲课。他说："我不仅仅要自己争一口气，更要把'争一口气'的精神传承下去，让更多的年轻人面对发达国家限制高新技术进口中国的现象，继续为中国'争一口气'！"

2022 年 4 月 6 日，余国琮院士永远离开了我们，但他"争一口气"的火种已经播下。

在高高的精馏塔下，新的力量在燃烧，新的希望在蒸腾，你愿意接过这把火炬，为祖国的荣誉和未来"争一口气"吗？

轰隆隆——炎炎夏日，天空中发出一阵轰鸣声，紧接着，一道闪电划破天空。这时，田地里的农作物可开心了，你知道为什么吗？

原来，雷雨天能为植物带来一种"美味佳肴"——打雷会把空气中的氮气，转化成农作物生长需要的氮肥，农作物们就能饱餐一顿，就能生长得更好，就能产出更多的粮食啦。

可氮肥这种"美味佳肴"只有在雷雨天才会少量产生，无法让农作物"吃得尽兴"，也就没办法让农作物"长得尽兴"了。

"靠天吃饭"对农作物而言是远远不够的，人类也不可能把填饱肚子的希望寄托在老天打雷下雨上。多年来，科学家们一直在寻找一种可以依靠人类自身力量让氮气变成氮肥的方法，但"高冷"的氮气始终像一座固执的大山，让科学家们难以逾越。

直到 20 世纪初，聪明的科学家找到了一个神奇的"小帮手"，在它的帮助下，氮气竟然变得不那么"高冷"，开始在人能创造的高温高压环境中变身，最终成为氮肥。而随着 100 年来的发展，这个"小帮手"还在逐渐进化。

催化剂将大自然中的资源"轻松"地转变成人类社会发展的必需品，说它能点"石"成"金"一点都不夸张。

实际上，催化剂的发展和人类社会的发展是密切相关的。

你肯定知道路上跑的汽车、天上飞的飞机和海上行驶的轮船都需要加油，但它们加的油又是如何来的呢？

没错，这些油也是催化剂点"石"成"金"的杰作！

大自然中开采出来的石油原本是黏稠、深褐色的液体，想要把它们变成澄清透亮的燃油，离不开石油炼制的裂化催化剂。

裂化气　汽油　　煤油　　柴油　　焦油

小贴士

在石油炼制过程中，裂化催化剂就像一把刀，把石油中的大分子物质切成不同大小的小分子。再把它们从小到大排队，依次分为裂化气、汽油、煤油、柴油和焦油。其中，汽油、煤油和柴油就分别用作汽车、飞机和轮船的燃油。

石油生产的过程，80% 以上都要用到催化剂。可以说，催化剂是整个石油化工技术的"心脏"。

在新中国成立之初，我们国家在石油炼制催化剂领域还是一片空白，大部分都依赖国外进口。发展到今天，我们可以很自豪地说，国产催化剂早已跻身国际先进行列。

这巨大的飞跃是如何实现的呢？

这是经过几代催化科学家的共同努力的结果。

在这些催化科学家中，闵恩泽先生是最为典型的代表。

1955 年，年轻的闵恩泽不顾朋友的劝说和美国政府的刁难，和夫人毅然回国。

那时，我们国家面临的情况是，国外突然中断向我国提供一种重要的炼油催化剂——小球硅铝催化剂。没有它，航空燃油就无法生产，我们国家的战斗机就无法飞上蓝天！

"国家需要什么，我就做什么。"闵恩泽临危受命，在简陋的实验室里开始忘我地研发中国自己的小球硅铝催化剂。

这种催化剂看上去就像一颗颗挤在一起的小球，最难解决的问题就是这些小球在干燥过程中特别容易破损。要知道，它们里面装着的90%都是水，有用的硅铝只占10%。在干燥过程中，小球会慢慢地缩小，再缩小，最终变得像小米粒那么小（3~5毫米）。

想让那么多小球在这个漫长的过程中始终完好无损，可太不容易了！

无数次的尝试，无数次的失败，经过3个多月的奋战，闵恩泽终于找到了突破口：他发现了一种新型的添加剂，可以降低小球里面的压力。使用后，小球完整率达到了92%，超过了进口催化剂小球完整率86%的水平，而且花费的成本减少了一半。

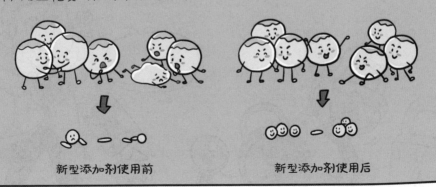

新型添加剂使用前　　　　　　新型添加剂使用后

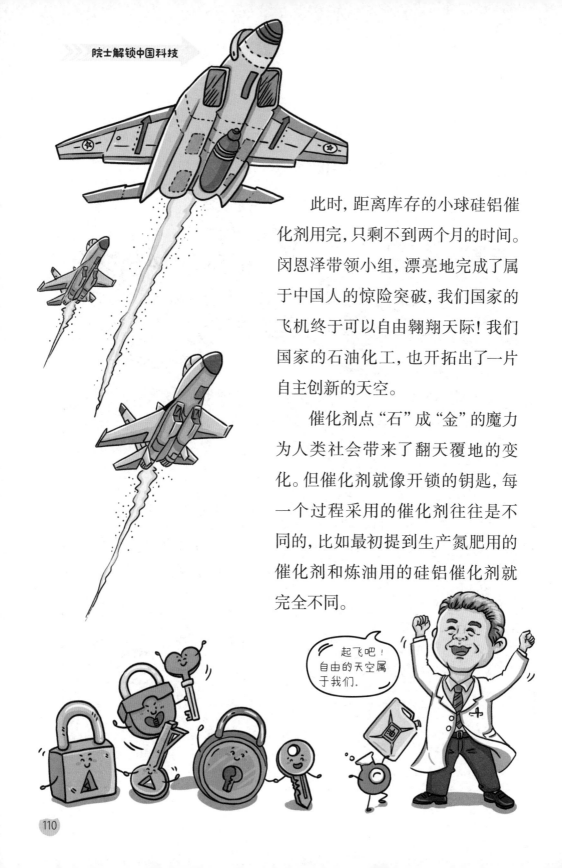

此时，距离库存的小球硅铝催化剂用完，只剩不到两个月的时间。闵恩泽带领小组，漂亮地完成了属于中国人的惊险突破，我们国家的飞机终于可以自由翱翔天际！我们国家的石油化工，也开拓出了一片自主创新的天空。

催化剂点"石"成"金"的魔力为人类社会带来了翻天覆地的变化。但催化剂就像开锁的钥匙，每一个过程采用的催化剂往往是不同的，比如最初提到生产氮肥用的催化剂和炼油用的硅铝催化剂就完全不同。

起飞吧！自由的天空属于我们.

　　因此，可以想象，每一个点"石"成"金"的催化剂背后，都必然有一段科学家们克服万难、探索开发的故事。

当今时代，你知道我们还需要什么样的催化剂吗？

　　人类社会活动给大自然带来了不少负面影响。

大气中二氧化碳浓度升高引发了温室效应，有没有能把二氧化碳转化为必需品的催化剂？

日常生活产生的废弃塑料垃圾造成了白色污染，有没有能将废弃塑料转化再利用的催化剂？

工业废水和生活污水极大地影响了水生环境，有没有能把废水转化成净水的催化剂？

大自然中石油资源有限，有没有能用农作物秸秆替代石油生产必需品的催化剂？

……

是的，这些都是人类社会未来发展的难题，科学家们没有一刻停下脚步，正在努力地探索新的催化剂，希望能将人类活动产生的废弃物，变废为宝！

一位位科学家，就像中国科学道路上的催化剂，攻克一项又一项难题，创造一个又一个奇迹。你也想成为他们之中的一员，为中国的科技创新点"石"成"金"吗？

你是否相信，100 多年前，南美洲三个国家间一场长达 4 年的战争，因争夺鸟粪而起。

鸟粪为何如此宝贵？因为鸟粪含有一种植物生长必需的物质——氮。

植物体内每个细胞都少不了氮，它更是植物用来制造粮食的"叶绿素工厂"的成分之一。没有氮，植物就无法茁壮成长，农作物就无法制造粮食。

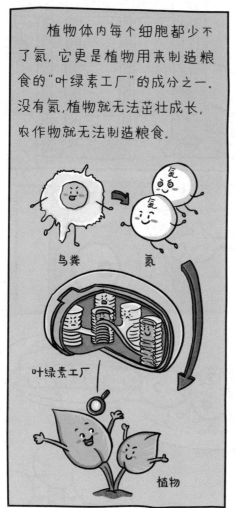

鸟粪　　　氮

叶绿素工厂

植物

实际上，我们每时每刻都在跟氮打交道，空气中五分之四都是氮气。既然空气里有的是氮，怎么还需要争夺鸟粪，甚至发生战争呢？那是因为，植物利用空气里氮的能力非常有限，除了少量豆科植物，大部分植物都不能直接利用空气中的氮。

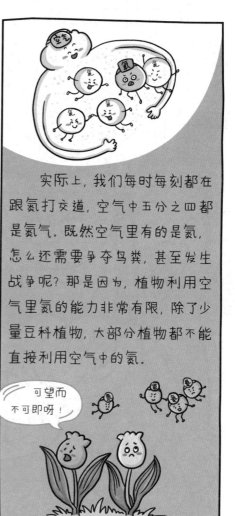

幸运的是，后来化学家找到并合成出了一种物质——氨。这是一种由氮气和氢气合成的气体，它溶解在水中，进入土壤，很容易被植物"喝"到。有了氨，植物就能得到充足的氮了。

以合成氨为代表的化学肥料替代了鸟粪，人们从此不用再争夺鸟粪，而土地上也产出了越来越多的粮食。

20 世纪，全球人口从 16 亿飞升到 70 亿，由合成氨生产的氮肥养活了至少 40% 的全球人口，让几十亿人免于饥饿。

小贴士

1908 年，德国化学家弗里茨·哈伯首次在实验室利用空气合成出氨。但是，这个过程非常困难，氮气和氢气要在 500～600℃ 的高温和 200 个大气压的压力下才能变成氨。

化学工程师卡尔·博施带领团队，经过 5 年时间和上万次实验，终于在 1913 年建成了世界上第一个合成氨工厂。从此，合成氨开始被大量生产出来。

合成氨实现工业生产的 20 世纪初，中国正处在动荡与贫弱之中，处处受制于人。怀有工业救国、科学救国的化工先驱们立下志愿：一定要用己所学，生产出中国人自己的合成氨，让这片土地上的人们不再挨饿。

1936 年年底，我国杰出的化学实业家范旭东先生创办的永利铔厂投产。合成氨从工厂里源源不断制造出来，并被用来合成化肥。永利铔厂生产制造出的化肥可与美国杜邦公司的产品媲美，但价格低廉，中国人用上了自己产的质优价廉的化肥。

永利铔厂规模宏大、技术先进，时称"远东第一大厂"，是我国民族化肥工业的摇篮，主持这个工厂建设的正是我国著名化工专家侯德榜院士。

从永利铔厂开始，侯德榜院士就与合成氨和我国的民族化肥工业结下了不解之缘。

永利铔厂刚开工没几个月，抗日战争爆发，工厂遭到了好几次低空轰炸。为了守住宝贵的工厂，侯德榜不止一次冒着生命危险，没等空袭警报解除，就抢先冲进厂房查看，指挥员工抢修。冒着纷飞的战火，他们依然坚持生产。

然而，南京陷落，必须撤离。侯德榜望着煞费苦心建成的设备，攥紧拳头发誓："永利铔厂，我们一定会回来的！"

抗日战争胜利后，侯德榜迫不及待前往南京查看永利铔厂。面对惨遭日本侵略者摧残的工厂，他决心加倍努力恢复和重建我国的化学工业。

1949 年, 侯德榜院士终于等到了永利铔厂解放的日子, 他受到了毛泽东、周恩来的热情接见, 开始主持永利铔厂(改名为永利宁厂)的恢复和我国化肥工业的建设。

在层层的技术封锁下, 一大批杰出的中国化工专家云集永利宁厂, 开启了新一轮的创业。

小贴士

侯德榜院士、我国化工设计奠基人黄鸿宁设计大师、姜圣阶院士、化工设备专家楼南泉院士、赵仁凯院士, 等等, 携手在 20 世纪 50 年代初完成了百余项技术革新, 研制出高效氨合成催化剂, 将永利宁厂合成氨的日产量从 40 吨提高到了 400 吨。

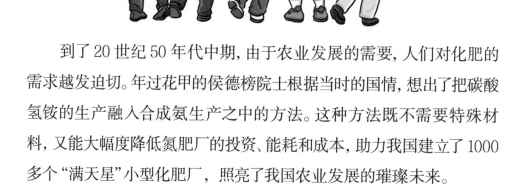

到了 20 世纪 50 年代中期, 由于农业发展的需要, 人们对化肥的需求越发迫切。年过花甲的侯德榜院士根据当时的国情, 想出了把碳酸氢铵的生产融入合成氨生产之中的方法。这种方法既不需要特殊材料, 又能大幅度降低氮肥厂的投资、能耗和成本, 助力我国建立了 1000 多个 "满天星" 小型化肥厂, 照亮了我国农业发展的璀璨未来。

在一代代科学家和工程师的不懈努力下，我国的合成氨技术和化肥工业突飞猛进。今天，中国已经跃升为世界最大的合成氨和化肥生产国，每年生产 4000 多万吨合成氨，相当于 40 多万辆超重型卡车的重量。合成氨和化肥使我们获得更充足的粮食。从新中国成立之初到现在，我国在人口增加一倍多的情况下，人均粮食占有量比新中国成立之初翻了一番多，高于世界平均水平。

科学家探索的脚步是永远不会停止的，他们总能在解决问题、造福人类的工作中，找到生命的价值。

有没有办法在更加温和的条件下，用更加环保的工艺，实现氨合成，使合成氨更好地造福人类呢？

科学家们把目光投向了高效电化学合成氨。这是一项非常有挑战性的任务，中国科学家在该领域已经成为国际最主要的研究力量。近年来，我国科学家开发的合成氨电化学催化剂已经达到世界最高水平。

人类与饥饿的战争还未结束，人类与气候变化和环境恶化的战争已经上演。100 多年前，科学家和工程师通过合成氨为人类战胜饥饿提供了最有力的武器；未来，更加环保和低碳的合成氨路线，会由谁来铺就？

我相信，你一定能为人类战胜气候变化与环境恶化做出新的贡献。

听，田间的麦子在呼唤，呼唤美味环保的肥料，呼唤生机勃勃的春天，呼唤一个粮食和生态"双丰收"的美好未来。

电也能像钱一样存"银行"吗?

每天，太阳从东方升起，在西方落下，温暖的阳光照耀大地，使万物生机勃勃。

鲜花在微风中摇曳，蜜蜂在花丛中授粉，形成色彩斑斓的大千世界。

我们的世界为何如此丰富多彩、千姿百态？驱动自然界和人类活动的是什么？

到处都充满了能量！

这一切背后的核心是能量，能量是推动世间万物运行的根本原因。

那么，什么是能量呢？人吃了饭才有劲；汽车加了油，或者充了电，才能跑；这些都是能量的具体表现形式。

能量无处不在，存在形式千姿百态：

阳光中的光子就携带能量。光子从遥远的太阳出发，把能量送到地面，温暖万物。光子所携带的能量就是光能。

夜晚照明的电灯，出行乘坐的地铁，还有电视、电话、电影、电脑、电冰箱，等等，都是电能在发挥作用。

让我们来为你助力！

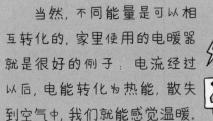

当然，不同能量是可以相互转化的，家里使用的电暖器就是很好的例子：电流经过以后，电能转化为热能，散失到空气中，我们就能感觉温暖。

好暖和呀!

今天，我们主要说一说电能——这种生活中很常见、神通广大的能量。

首先，电是怎么来的呢?

我们身边的电，大多数来自火力发电厂。现在，世界上所有的火电厂，都依靠燃烧煤炭、石油等化石燃料所产生的热来加热水，利用高温高压的水蒸气推动叶轮运动发电。

可是，一方面，这些燃料在燃烧时会排放出大量的二氧化碳等污染物，给自然环境带来极大危害；另一方面，这些化石燃料需要经过几亿甚至几十亿年才能产生，过度开采使用，终有枯竭的一天。

这时候，科学家们想到了无处不在的新能源——太阳光、风力、海浪的能量。它们取之不尽，用之不竭，而且没有任何污染，是典型的可再生清洁能源。

太阳光

风力

海浪

利用太阳能的光伏电池，可以把光子的能量转化为电能；利用风力时，借助空气所携带的动能，推动风车旋转来发电；连波涛汹涌的海洋中蕴含着的巨大动能，也可以发电。解决能源危机和环境污染有了希望。

小贴士

据统计，一年内到达地球的太阳能总量相当于 1.86×10^{14} 吨标准煤，是已探明化石能源的一万倍。

但是，无论是光伏发电，还是风力发电，都有不连续、不稳定的缺点。

每天日出日落，当我们需要电力照明时，天黑后就不能用阳光发电了。即使在白天，云彩把阳光遮挡后，太阳能发电量会急剧减少。"天有不测风云"，风力一会儿大、一会儿小，风电输出的电力也不稳定。

嘿嘿，不好意思！

那么，能不能发明一种技术，像人们在银行存钱那样，捕集风力，捉住阳光，储存起来。不管什么时候，需要时就能有，要多少有多少？

这就需要电力储能技术。电力储能包括两个过程：

1.把电能转化为其他容易保存的能量；

2.需要的时候，把保存的能量再转化为电能。

需要你的时刻到了！

人们每天用到的手机里，都有一块锂电池，用来保存电能。当锂电池插在电源上时，电能转化为化学能储存，为手机充电。当人们使用手机时，锂电池中的化学能转化为电能，为手机供电。

供给手机的电，使用一块锂电池就行了。但是，如果要保存很多电能，供给一个居民区使用，甚至用于调节电网的能量，又该怎么办呢？

自然界中生命之源——水，能不能用来造容量更大、更安全环保的城市"电力银行"呢？

清华大学王保国教授说："水是一种绿色溶剂，即使你拿火去点，水做的电解液也点不着。"早在 21 世纪初，他带领团队从零起步，尝试把电储存在水溶液中，开展全钒液流电池研究。

这种电池里的"钒"可不平凡，它们溶解在水中，大小只有小米粒的一万分之一，却能储存上亿瓦时的能量，科学家们称它为巨型储能金属。

我怎么什么也看不到！

以往，为了能使用 10 到 15 年，90%以上电池都采用非常昂贵的材料，钒电池几乎成了"奢侈品"。王保国教授团队创造性地发明出了一种新型的纳米孔径离子膜，使成本大幅度降低，每平方米只需要 300 元。

小贴士

钒电池里最核心的材料是一层隔膜，可以分隔电池正极和负极两端的无数小小的钒，这层膜决定了电池的性能和寿命，相当于液流电池的"大脑和肾脏"。

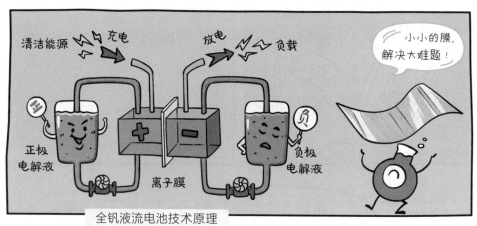

全钒液流电池技术原理

他们制作出的全钒液流电池在常温常压下就能工作，不会燃烧和爆炸，寿命高达 20 年，可以充放电 15000 次以上。这项突破性的电池制造技术摘下了日内瓦国际发明博览会的金奖，这可是中国人的"第一次"！

利用高低位置不同进行抽水，也可以储能。

在山顶和山下，分别修建大型水库，利用电网多余的电力，把水从山下抽到山顶储存。需要的时候，将山顶储存的水放下来发电。

2021年12月建成的河北丰宁抽水储能电站，是目前全世界最大的"充电宝"，就是它，让冬奥场馆实现了100%"绿电"供应。

当然，电力储存无时不需，无处不在。在浩瀚宇宙的空间站上，唯一能够接收到的只有光子的辐射能。科学家们通过航天器的光伏板，把它转变成电，进一步储存在电池里，供给卫星通信、导航使用。

畅想未来，我国计划建设月球科研站，长大后，你可能会和好朋友一起住进月亮湾。在空间站中利用电池储能，供给空间站里航天员生活，保持天地之间的通信，还可以给地球上的同学们进行太空授课呢！

你想为月亮装上路灯吗？你想把"电力银行"建在星星上吗？未来，还有一系列挑战等待着你。"电力银行"将驱动人类文明不断进步，让我们的家园永远明亮，让世界永不断电。

你见过在路上跑的化工厂吗?

你是否思索过，脚踩油门时，汽车内部究竟发生了什么，让那么重的汽车一下子启动，然后越跑越快？

其实，要想汽车跑起来可不是一件简单的事儿。就像人们需要吃食物才有力气干活儿，汽车也需要"食物"才能运行。

对啦，是汽油或者柴油！加油站就是他们的"食堂"，而汽车的油箱就是汽车的"胃"。"食物"在汽车"体内"转化为能量，推动汽车运行。

油与气在发动机气缸内混合燃烧，产生大量能量，通过一系列机械连杆带动汽车跑起来。这个过程主要发生的是燃烧式的化学反应。

这么说来,汽车可以看作是一个个在路上跑的"化工厂"呢!

目前,除了由汽油或柴油驱动的"内燃机式"汽车外,由电池驱动的"电动机式"汽车也越来越多。后者以"电"为食物,更加清洁。

如何区分马路上的汽车是哪一种呢?车牌的颜色主要有两种,装着蓝色车牌的是燃油汽车,而绿色车牌的就是电动汽车啦。

电动汽车内有一个关键部件——电池,它相当于燃油汽车的油箱。当汽车需要运行时,电池中通过电化学反应而产生电流,通过电动机驱动汽车运行。当电化学反应发生完全,就相当于汽油或者柴油用完了,电池就"没电"了。这时只需要通过充电桩给电池"输电",电能就会转化为化学能重新存储在电池中。瞧,电动汽车是不是也是一个个特殊的化工厂?

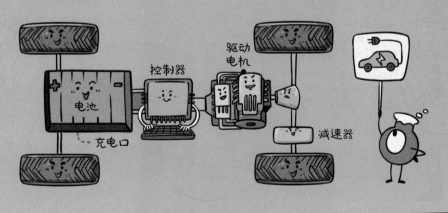

那么，燃油汽车和电动汽车，哪个更棒呢？

当然是燃油汽车更棒啦，几分钟加满一箱油，就可以跑几百公里呢！可电动汽车呢，充电就要几小时，有燃油汽车跑的路途长吗？

电动汽车轻装上阵，不需要油箱、发动机、排气等系统，它运行时不产生废气，噪声也更小呢。

燃油汽车都可以当电动车的"爷爷"啦，一个已有超百年的历史了，一个直到21世纪初才逐步普及。随时能够找到的加油站就是见证！电动汽车的充电桩呢？你就慢慢地找，慢慢地充吧。

电动汽车成本低，不产生污染，自然会迭代升级啊。看，我国使用的电动汽车占全世界的一半，可是世界上驾驶电动汽车最多的国家呢！

是啊，好的事物都会不断升级的。除了电池驱动的电动汽车，还有一类超级电容器驱动的电动汽车，我国在这个领域也遥遥领先。

超级电容器究竟"超级"在哪里呢？

第一，充电超级快。传统电动车充满电要等几小时，而它只需要几分钟。

我国科学家与工程师们经过自主研发，已经在宁波、广州等城市，实现了超级电容器驱动的有轨、无轨电车的运行。

这种超级电容器公交车，每次充满电只需 2 分钟，充满电可以运行 6 公里呢。这里的车站被改造成充电站，汽车每次停靠站就可以充电啦。我国可是唯一将超级电容公交车投入量产的国家，并且已经出口欧洲一些国家了。

第二，加速超级快，而这也是超级电容器的强项。

一些安装了超级电容器的汽车，可以回收能量，或利用超级电容器来提高"爆发力"，进一步加快启动速度。燃油汽车从启动到加速至每小时百公里，一般需要 8~12 秒。电池驱动的电动汽车则需要 6~9 秒。而配备超级电容器的汽车，仅需 3~5 秒。超级电容器系统在快速输出能量上遥遥领先。目前，许多非常注重瞬时响应速度的 F1 方程式赛车，已经采用了超级电容器来提高加速性能。

要知道，超级电容器虽然只是一个小小的器件，却是非常多材料的优化组合体，就像木桶效应一样，只有每种材料都发挥好自己的优势，整体器件的性能才能得到保障。

努力发挥优势！

清华大学化工系骞伟中教授从基础材料入手，潜心研究每个关键材料的短板，立志造出梦想中更高水平的超级电容器。

经过大量的分析和总结，他瞄准了一种叫新型泡沫铝的材料，作为研究发力点。

这种材料质量轻、强度高、功能多，在许多重要领域都能大显身手。然而，全世界只有日本可以生产出来，而且也还不能马上市场化。

"这么关键的技术，我们要牢牢掌握！"骞伟中教授这么说，也是这么做的，他率领团队，毅然踏入这片无人涉足的专业制造领域，开始了拓荒之路。

当时，国内新型泡沫铝的研发和制造一片空白，公开发表的资料少之又少，可以借鉴的经验微乎其微。

在研发过程中，材料一次次地发生破裂，颜色与纯度总是不理想，他们经历了常人眼中无数次绝望的困境，却始终凭借着一股不服输的钻研精神，不断革新与改进。

5 年过去了，终于，由他们自主研发的新型泡沫铝，在高精尖设备组成的生产线上，源源不断地生产出来了。

这些新型材料的质量好、成本低，让我们国家一跃成为这项技术的领先者。

骞伟中教授率领的团队没有停止追求的脚步，在新型泡沫铝的基础上，他们又创制出新一代高电压超级电容器，一举达到了国际领先水平。这意味着我国自主研发的超级电容可以用更小的体积贡献更大的能量。

未来会是什么样子呢？

肯定会为汽车制造出更加高效的新型"化工厂"，让电动汽车可以既是跑得远、耐力强的"长跑冠军"，又是充电快、爆发力强的"短跑健将"。未来，有你们的加入，给汽车的"化工厂"加点"料"，也许它会一飞冲天呢！